河北省高校百名优秀创新人才支持计划（编号：SLRC2017001）
河北省社会科学基金项目（项目编号：HB15YS074）

JUJUDESHIJIE
—JIXIBEI CHUANTONGJULUO YU MINJUJIANZHU

聚居的世界

冀西北传统聚落与民居建筑

胡青宇　林大岵　著

中国电力出版社
CHINA ELECTRIC POWER PRESS

内 容 提 要

本书内容涉及冀西北地区以及与北京、山西、内蒙古三个省市区接壤的地区，并基于交叉的地理单元、交错的农牧文明、交替的聚落营建，交融的多元文化，逐步形成一个具有外部整体开放性和内部相对差异性的区域，所遗存的传统聚落与民居建筑遗产类型丰富、形式多样。冀西北所属地区国家级、省级文化名镇、名村与传统村落较为集中，其中国家级历史文化名镇 2 个、名村 4 个，入选中国传统村落名录 47 个。本书以冀西北地区 122 个城乡聚落为研究对象。本书适用于建筑学、城市规划、环境艺术设计专业相关人员。

图书在版编目（CIP）数据

聚居的世界：冀西北传统聚落与民居建筑 / 胡青宇，林大岵著．—北京：中国电力出版社，2018.3

ISBN 978-7-5198-1646-9

Ⅰ．①聚… Ⅱ．①胡… ②林… Ⅲ．①聚落环境－研究－河北②民居－建筑艺术－河北 Ⅳ．①X21 ② TU241.5

中国版本图书馆 CIP 数据核字 (2017) 第 323159 号

出版发行：中国电力出版社
地　　址：北京市东城区北京站西街 19 号（邮政编码 100005）
网　　址：http://www.cepp.sgcc.com.cn
责任编辑：曹　巍（010-63412609）
责任校对：常燕昆
装帧设计：左　铭
责任印制：杨晓东

印　刷：三河市百盛印装有限公司
版　次：2018 年 3 月第一版
印　次：2018 年 3 月北京第一次印刷
开　本：787 毫米 ×1092 毫米　16 开本
印　张：13
字　数：270 千字
定　价：49.80 元

前　言

党的十八大以来，为落实中共中央、国务院关于“制定专门规划，启动专项工程，加大力度保护有历史文化价值的民族、地域元素的传统村落和民居”的精神，各省市都加大了对中国传统民居的保护和研究工作，中国传统民居保护发展工作已经提升到前所未有的国家战略高度。为保护传统民居，记录、传承中国传统建筑文化，住房和城乡建设部下发了《关于开展传统民居建造技术初步调查的通知》（建办村函〔2013〕740号），要求“加大力度保护有历史文化价值和民族、地域元素的传统村落和民居”。本次调查是我国历史上第一次最全面地对传统民居类型进行系统调查、记录、整理，意义重大。传统村落与民居得到如此重视，在于其作为中华文明遗产的重要构成部分，是我国各族人民在长期的历史发展进程中创造并延续下来的居住模式与建筑形式，具有鲜明的地域和民族特色，并生动地反映出人与自然和谐共生的关系以及深刻的文化内涵。同时，传统民居作为一种不可再生的人类文化有形资源和支撑载体，是地域文化赖以表达、生存和发展的资源性平台与文化竞争的诉求品牌，对于传承优秀传统文化精神、建立民族文化自信与自觉、形成当代城乡品格、实现中华民族的伟大复兴，具有举足轻重的显性意义。当前，关于传统民居建筑的调查研究和深入挖掘有助于提升地域文化软实力，增强民族文化的自在性和保护意识的自觉性，从而活化为地域发展的内生驱动力，在统筹新型城乡关系中全面激活再生，从而有效应对正处于极度衰落的聚落状态和并不乐观的保护发展现状。

现阶段，虽然对传统民居建筑研究的理论与方法已经基本科学化和系统化，但是基于特定地域相互支撑的研究体系则充满了众多不确定性和可能性，而这种可能性恰恰也是本书及作者的研究意义所在。本研究所涉及的冀西北地区与北京、山西、内蒙古三省市区接壤，并基于交叉的地理单元、交错的农牧文明、交替的聚落营建、交融的多元文化，逐步形成一个具有外部整体开放性和内部相对差异性的区域，所遗存的传统聚落与民居建筑遗产类型丰富、形式多样。冀西北所属区域的国家、省级文化名镇名村与传统村落较为集中，截至2016年年底，入选国家级名镇2个、名村4个，中国传统村落名录47个，堡子里历史街区为全国重点文物保护单位，蔚县的传统村堡群更是类型丰富、实例繁多，存留下来较为完整的传统聚落不下百余处，保护较好的民居院落数以千计。

本书主要基于对冀西北地区122个城乡聚落的调研测绘，首先通过区域内部不同地理单元进行晋冀、冀蒙和京冀三个空间剖面的比对，并选取典型的传统民居建筑进行分类型研究，每一空间剖面的研究又从三个层次展开：空间形态与形制，构造形态与材料，装饰形态与民俗，从而建立传统民居的横向比较序列，分析其异同和特质。然后，基于完整历时性语义，把区域内部民居演变关系呈现出来，既可涉及聚落体系宏观尺度的 “致广大”的整体概述，亦可就区域内部微观尺度进行“尽精微”的细致描述和深入分析，从而建立冀西北区域民居建筑的纵向演变对应序列。最后，通过民居文化的复合研究，论述地域之间的文化交流以及主流意识的影响在传统民居发展过程中所具有的普遍性意义和影响，进而分析和阐释民居所具有的地域内涵和复合文化意义。类型学理论则贯穿整个研究过程，从历史“原型”的古典主义和地区“原型”的地域主义两个层面出发，从纷繁冗杂的现实建筑形式中提取具有统一特征的抽象模型并还原，然后进行分类与归纳，使其清晰化和图式化。重点强调类型转变的过程中，总结经由时间向度的叠加、沉淀依附在聚落空间环境构架之上的与周边不同区域“多元融和”的建筑风格，深入挖掘不同地域民居信息以及文化内涵，最终分析在近代历史背景下凸显出来的局部调整和中西合璧的建筑特点，从而完成冀西北地区传统民居的整体系统性研究。

本研究获得了河北省社会科学基金项目（编号：HB15YS074）以及河北省高校百名创新优秀人才支持计划（编号：SLRC2017001）的资助。笔者及团队成员先后历经三年的时间，下乡四十余次，进行田野调研和资料收集，获得了丰富的、珍贵的第一手资料，为本书的撰写和成稿奠定了良好的基础。传统民居作为地域文化的有形载体及地区繁荣发展的见证，“充分认知”是“有利保护”的必要前提和基础，选择冀西北这样一个区域作为传统民居的探索性研究，既有丰富的文献史料支撑，又有大量传统民居值得田野考察，必将使得冀西北地区这一人类聚居图景显得更加清晰生动，并唤起人们对传统民居的关注和保护愿望，为推动区域传统民居向更深层次的研究奠定一种范式，从而尽可能丰富冀西北人居环境的理论体系，对于我国区域建筑、民居遗产研究也会有一定的启迪和典型意义。同时，也可为建筑遗产的保护修复、更新改造等工作提供一定的决策参考和支持，并在京津冀一体化、晋冀蒙长城金三角协同发展的背景下，创造新时期具有地方特色的城乡居住环境提供资源信息，最终实现传统建筑营建记忆及当代可持续设计，在当前建筑文化泛西方化和同质化的裹挟面前保持中国建筑文化的独立与自尊，并在与西方建筑理念、技艺交融的对话中不断发展，构建出体现民族特色、符合时代需要的中国建筑文化。

著　者

2017年11月

目 录

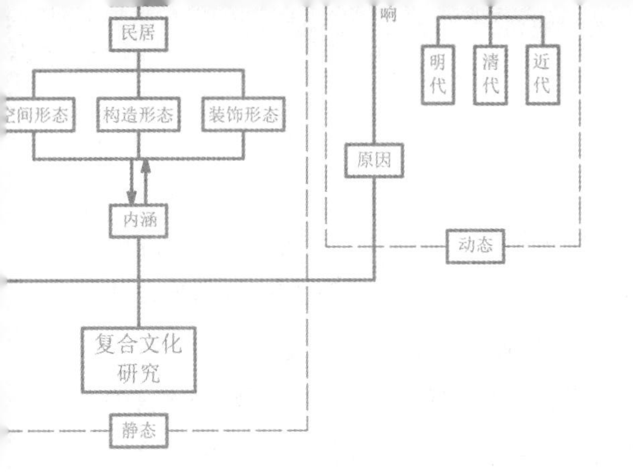

第一章 绪论

第一节 厘清特定概念

民居又称民宅，最早见于《礼记·王制》：“凡居民，量地以制邑，度地以居民，地邑民居，必参相得也。”讲求的是通过合理规划促进人地和谐的民居营建思想。传统民居通常也被定义为本土的、自发的、由本地民众通过经验的积累传承共同参与的适应自然环境和基本功能需要的营造。单德启先生在《从传统民居到地区建筑》中曾对“传统”和“传统民居”作过定义。“传统”是指历代传承下来的具有本质性的模式、模型和准则的总和。“传统”作为贯串于历史的动态演进过程，并不拘束于过去时的某一空间切片。“传统”最鲜明的特征在于强调文化和文脉从古至今的延续性，诠释了一个长期的动态变化过程，最终指向历史发展的可继承性。“传统民居”语义与此相同，是对具有传统文化的典型性、民族文化的代表性、地域文化的整体传承性的民居所作的界定，它们的形态演变和文脉传承积淀着丰富厚重的历史价值和文化内涵。在漫长的历史过程中，传统民居作为城乡聚落建筑的一个大类型而存在，广泛地分布于乡村和城镇历史街区之中，承载着最为真实、丰富的历史信息，并以差异化、生活化、多样化的个性特征反映着建筑文化的地域特色。

冀西北地区传统聚落与民居基于特有的地域位置和环境属性，其生发、演进与变迁都有着契合自身的特定轨迹和秩序，有着顺应本体的存续方式和乡土文化内涵，是我国传统民居建筑遗产的重要组成部分。其作为地方传统社会延续的活化石与文化支撑性载体，在建设选址、院落布局、空间形态、居住模式、建筑形制、营建技艺以及地方材料选择、外形装饰等方面体现出鲜明的地域乡土特色和文化多样性。从传统民居营建的可控性角度来看，是回应地域生态环境、利用地方资源技术、适应地方经济结构及传承地方文化习惯等在物质实体和精神追求上的适宜性反映。正如吴良镛先生为亚历山大·楚尼斯的著作《批判性地域主义——全球化世界中的建筑及其特性》所作的序言中所说“地域建筑是中国各地区城市体系中城市文化、乡土、民俗文化不可分割的综合组成部分，特别是民居文化，扎根乡土，新陈代谢，有机更新，多属于‘没有建筑师的建筑’，我称其为‘有生命的建筑’”。

第二节　国内传统民居研究综述

一、区域性传统民居研究

近年来，民居建筑区域史研究颇为兴盛，一方面是因为地域观念认可和地方文化认同的强化，另一方面则更得益于传统村镇旅游开发所带来的经济利益。对于传统民居的关注不仅存在于对建筑学方面的研究和实践中，早已发展为交叉性研究，从不同的视角进行多方位的阐释和解析，涉及文化人类学、历史学、经济学、艺术学等诸多学科范畴。区域民居研究不仅能弥补整体研究的缺憾，而且能够相对比较全面地了解某个地区的民居建筑文化并为其未来发展提供历史鉴戒。在具体研究过程中，部分成果虽然依照不同历史时期、自然地理单元、行政或文化大区进行了个体划分，但一直强调并试图保有宏观思考和整体系统性。随着研究视野的横向广度不断拓展和纵向深度不断挖掘，研究意义也逐渐被认可与重视，研究思路的脉络逐次清晰，从而为今后的研究提供了科学系统的研究方法和路径。当然，在民居研究取得了长足发展与进步的同时也存在着一定的局限性。

第一，缺乏整体性。区域民居研究一种普遍的论述结构是按照现行行政区划所属来划分，这种划分方式是诸多民居研究著述的编写方式，例如陆元鼎主编的“中国民居建筑丛书”所属《北京民居》《安徽民居》《山西民居》等，在研究中将行政区划作为建筑特色及风格归属的划分依据，带有明显的地段性特征，而弱化了“地域性”特征，无视民居特色形成过程中受到其他区域建筑风格的影响，一定程度上造成了分散独立、地域文脉相互割裂的研究现状。如果仔细分析中国传统民居的演化进程和文化意义，就会发现这种单纯依据当前行政区划的分类方式根本无法准确描述民居所具有的全部意义。其实，民居研究应扩大到一定地域范围，将周边邻近的地区引入研究，进行同时同类的比较，从而凸显区域性传统民居建筑的本质特点，最终达到厘清其特征形成和发展的目的。

第二，缺乏普遍性。现有研究主要集中在典型性的城镇或乡村，绝大多数学者们把目光专注于徽州、江南、山西等区域，将研究对象集中在建筑本体凸出的“著名”民居或达官贵人等所谓上层社会的“名流”住宅。这方面的著述虽然较多，但从完整意义上的建筑学或聚落史的角度对民居体系中的空间层次与物质实体进行阐释仍不失为是一种缺失，大多数底层平民百姓的创造和需求尚未引起学术界的足够重视，显然研究对象的界定已经忽略了传统民居的地方普遍性意义，从某种角度来说，这些民居蕴含的“原真性”往往比名宅大院更有价值，这是本课题研究的意义所在。

第三，缺乏系统性。部分研究著述过于强调个体的卓尔不群，颇为注重传统民居的散点式、案例性的详尽诠释或具体叙述，而缺乏整体特征和普世模式的科学归纳，究其原因大概是出于案例典型或保存完整，但直接导致的后果就是存在一种多项研究成果无谓重复的现状，呈现出将民居聚落体系进行肢解的所谓“点性”研究。因此，将某种建筑要素或类型孤立开来进行研究，对于认知“整体聚落与民居体系”来说则显得过于片面，缺乏横向比较与纵向变迁的系统性厘清和梳理，对于完整准确地揭示传统民居的深层结构和形态演变的动因，更是无从谈起。因此，需要综合多种视角，联系多种学科方法，才能全面科学的认知作为整体的地域性民居建筑体系，这正是本文选择冀西北民居建筑做系统性研究的初衷。

二、关于冀西北区域传统民居研究

河北地区的民居研究成果相较于北京、内蒙古、山西三个省区略显薄弱，一直未能跻身民居研究的热潮中，对于冀西北这一交叉性区域的研究更是疏于关照。从现有的研究成果来看，对冀西北民居的探究呈现出比较零散的状况，并未能建立起一个相对全面科学的研究架构。“冀西北”迄今未被作为一个整体的地域单位进行研究。

一是基于文史领域的村落与民居研究，集中在溯源由来、发展变迁以及风俗典故等地方文化意义的角度，相关学者对民俗、民间艺术和行为习惯的影响探讨在一定程度上深化了民居研究，如张曦旺主编的《张家口特色的古民居》、刘徙主编的《张家口厚重的古城堡》、王秀琴与李殿光主编的《张家口传统村落》等。著述多采用文献考证、典故传说与建筑实例叙述的方法，对于全面理解建筑文献和史志资料，深入理解传统民居产生和发展背景具有重要的作用，为进一步研究提供了线索。此外，《张家口日报》《张家口晚报》以及河北省文联主办的杂志《当代人》时常辟专栏介绍，也具有一定的可读性。但上述结合地方历史文化的成果相对缺乏田野调查的直观性和科学研究的准确性，较少认知民居真实具体的微观形态，遑论在此基础上分析民居与周边环境的关系或是提纲挈领的总结性传统民居理论体系的整体概括。

二是从本世纪开始，建筑史学界以明代宣府镇军事城堡聚落为对象的专题性探讨或专文论述，较为关注城堡聚落的建筑实体和空间形态，如军事堡寨的分布规律、选址形制、防御特征、类型特点以及形成机制、形态演变等方面进行解析。比较突出的如天津大学建筑学院博士论文《明长城宣大山西三镇军事防御聚落体系宏观系统关系研究》《明长城宣府镇军事聚落体系研究》等。值得一提的是，上述研究的方法极具系统性和逻辑性，虽然研究较少涉及微观居住空间层面，但其典型的研究方法对于其他传统聚落形态研究及形成发展具有一定的启示作用。所不足的是未能以理想的“地域性思考”诠释在明清及近代时期的大背景下关于聚落本体的演变轨迹，继而导致聚落或建筑文化属性的认定不清，使得学界对该区域军事聚落转化为民居聚落的发展演变和交流互动的认识更为模糊。

三是以地处冀西北区域的张家口行政区划内的传统民居为研究对象，分别从聚落格局、建筑选址、平面格局、空间处理和营建技术等方面对山地、高原以及河川的民居特征进行了探究，算得上是有一定针对性的传统性民居研究。如王月玖的《张家口地区传统民居建筑研究》、行斌的《张家口地区传统民居资源利用研究》、王婷婷的《绿色视野下的张家口地区乡土建筑研究》等。但同时应该看到，由于时间及人力资源等条件所限，在调研广度与深度上还存在一定的欠缺，所有研究多以概括性描述来代替本来鲜活细致的特定区域的具体分析，仅以某一区域的局部印象来描述其共性特征，存在主观臆断性和客观模糊性，有“以偏概全”之嫌。其研究方法基本上是静态描述，虽然认识到区域民居遗存有着强烈的共性特征，却无法对其进行系统的有效分析，同时对一致背景下各民居文化自身特色有所忽略，对真正的动态演变“视而不见”。换言之，把“民居”仅仅作为一个真实的物质形态而进行的研究远远不能合理真实地揭示现象蕴藏的丰富内涵，基本没有注意到冀西北内部各区域之间的共时“差异性”以及历时性的变迁。

四是从特色区域具体典型出发或是针对建筑本体的某一类型、某一方面来具体论述，以蔚县古堡聚落为例，就有《蔚县城堡村落群考察》《河北蔚县传统村堡建筑特色浅析——以白后堡村为例》《蔚县暖泉古镇环境景观空间分析》《河北省蔚县历史文化村镇建筑文化特色研究》《河北省蔚县暖泉镇西古堡研究》等十数篇之多。另外，部分学者还针对个体性质的或单层面的进行分析，如杨文斌撰写的关于张家口传统民居的建筑装饰、屋顶形态、院落特征的系列论文，辛赛波撰写的《河北省张家口市堡子里历史街区特色探析及概念性保护设计》，田林和孙荣芬合撰的《鸡鸣驿城内的古建筑与民居》，都具有一定的典型性和代表性。其中清华大学的罗德胤基于城堡与建筑测绘与六次田野调查所著的《蔚县古堡》详述了城堡规划、公共建筑配置以及堡内民居的特色，更是极具专业性，有较高的学术价值。

第三节 研究思路

一、共时性的横向比较研究

特殊的地理位置以及特定的地域文化造就了独特的民居形态。由于大马群山、燕山、太行山脉的阻隔，冀西北地区内部形成了各自相对独立的三大地理单元，主要包括京冀交界的燕北山地区域，冀蒙接壤的坝上高原以及冀晋毗邻的桑干河、洋河水系流域的河川盆地。本研究基于上述不同地理单元进行晋冀、冀蒙和京冀三个空间剖面的比对，选取典型的传统民居建筑进行分类型研究的基础上，每一空间剖面的研究又从三个层次展开：其一，空间形态与分析；其二，构造形态与材料；其三，装饰形态与表现。从而建立冀西北区域民居的横向比较序列，分析其异同和特质，明确民居建筑自身的演变形式和文化特征。更进一步的是从地域性交叉概念的角度入手，探讨冀西北地区与周边相关区域传统民居的区别和关联，研究其交流和互动的历史背景及渊源，我们试图呈现在各种外力、内力的推动下民居所产生的多元化表现与趋势。

二、历时性的纵向演变研究

冀西北地区在战略地位、地缘关系、文化交流等方面具有显著的特征，承载着聚落体系形成，成熟直至衰落的演化全过程，能够相对完整地反映聚落体系的时空演化过程和结构形态。在宏观尺度上，关系密切的区域呈现出相对一致且极具代表性的 “标准” 聚落模式，但是由于不同历史时期政治经济、文化思想的转变，使聚落的核心功能、主流民居形态发生了一定程度的，甚至是转折性的变化，并由此导致聚落也会由“原生型”向“转化型”形成关联性的集体变迁，如明代宣府镇军事防御性聚落向清代的生活性乡都村邑的转化。由此，按照历史纵向发展过程把区域内部民居演变关系呈现出来，既可涉及聚落体系宏观尺度的 “致广大”的整体概述，亦能就区域内部微观尺度进行“尽精微”的细致描述和深入分析，而不是“人云亦云”的状况。尤其是明代后期至20世纪20年代，堡子里因地理位置适中而从军事边堡发展为商业都会，更是这个地区民居建筑发展的典型。由此，基于完整历时性语义，综合历史沿革、制度更迭、地理环境及战争变迁等因素，完整揭示冀西北聚落体系时空演化过程中相对微观的系统演化机制，从而建立冀西北区域民居建筑的纵向演变对应序列，为后续民居体系的复杂多元性研究建立基础。

三、文化复合研究

民居文化的复合研究是对于多线索编织型民居研究结构的一种期待。首先论述地域之间的文化交流以及主流意识的影响在传统民居发展过程中所具有的普遍性意义和影响，进而分析和阐释民居所具有的地域内涵和复合文化意义。一般来说，由于传统社会中受制于地理屏障与落后的交通手段，使得地域与地域之间的技术和文化交流相对有限，不可避免地造就了地域之间建筑风格鲜明的差异性，在这种情况下，按照地域对民居建筑的类型进行划分就成了一种自然而然的做法。

诚然，不可否认气候、地形地貌等自然地理条件差异造成的民居差异的地域确定性，但是也不需要过分夸大其影响，以至于将不同区域的不同建筑类型完全视为地域差异的产物。事实上，民居的地域性不仅表现在地理意义上，还体现在文化意义上，比如基于权力更迭、民众迁徙和军事调动的需要，在客观上确实促进了地域之间在生活方式、资源信息、材料技术和社会文化上的沟通和交流，民居式样形态的定型在相当程度上也来自于文化交流的结果，与地理要素形成的刚性界域相一致，这种由文化交流和传播所确立的过渡区间也产生了一种柔性的文化界域，而且是暧昧的、交叠的并且处在不确定的变动之中，地理形态界域和文化意义界域之间的混合作用实际上构成了传统民居所具有的乡土特质的根柢，各类型民居在特定地域和特定社会历史背景下呈现出特有的建筑形式。

四、类型学理论的运用

阿尔多·罗西的建筑类型学理论是按具有相同形式结构以及具有相同特征的一组对象进行分类描述的方法理论，关注的是除了易于变化与消逝的各种形式表征之外的恒久要素。对地域性民居类型的研究可以从历史“原型”的古典主义和地区“原型”的地域主义两个层面出发，从纷繁冗杂的现实建筑形式中提取具有统一特征的模型抽象并还原，然后进行分类与归纳，使其清晰化和图式化，就形成“原型”。

从本质上来看，建筑的原型总是独立于形式、思想、技术等变化之外，是人们据此进行营建的根本性模式法则和文化观念。现实中的传统建筑表象虽呈现出各不相同的形式和可识别性，但又共享着某种重复的模式和品质，因此可以认为，同一乡土环境中的大部分具体的民居建筑都源自于同一个或某几个类型，同一类型中的它们具有相同的结构模式，只是被不同的人以各异的方式落实于现实营造的自然结果，这种相同的结构模式，即类型的“原型”。所以，类型学的研究方法是一种自下而上的宏观总结和提炼传统民居建筑空间“原型”的过程。中国传统社会意识形态一直强调“家国同构”和“家国一体”，上层统治阶级的官式建筑指向的是类型的规范与引导作用，而底层乡民百姓的居住场所则更多地讲究类型的具体现实适应性，二者之间虽然形成一种相互补充与调适关系，但其出发点还是具有一定的区别，尤其是乡土民居更加强调的多样性和可变性，并不可避免地生发出具体的特殊案例。而恰恰正是因为这种特例才是保有丰富差异性的民居与官式建筑之间的本质区别。类型学作为建立在西方古典建筑体系基础之上的学说，尤为重视建筑的立面、比例等理性色彩与意义。然而，却并不能完全解决中国传统民居所强调的空间尺度与精神之间的默契。因此，我们可以对具有一定“原型”特征的“变体”构成进行对比分析，但本质强调的是一种自上而下的衍生过程，它可以更加趋近建筑微观视角的真实属性与状态描述，更加有利于认知民居建筑变体的差异性与多元化。

上述研究方法可以总结为具有自相似性的“原型”抽象和自由的无规分形“变体”区别，从而揭示聚落与民居建筑的形式存在本质，并重新审视建筑二维平面与三维空间的内在逻辑关系，形成研究中的科学方法与艺术审美的统一。

第四节 研究范围

一、空间区域

冀西北是河北省西北部的简称，本文所研究的冀西北地区主要以河北省张家口市所辖10县、6区、2个管理区和高新区为核心研究范围。本书选择冀西北区域作为传统民居的研究范围，源于地缘关系、行政区划、人文环境等方面所具有的显著优势。首先从地缘关系看，冀西北正处于蒙古高原、黄土高原、华北平原等三个不同的自然地理单元的交界地带，境内北部阴山山脉是农耕区与游牧区的天然分界线；南部太行山脉—燕山山脉联袂形成华北平原与黄土高原、北部燕山向北延续山地的交界地带。不同的地理环境条件必然造成较大差异的地域文化。其次，虽然在行政区划上完全属于河北省，但和京、晋、蒙相接壤，这些地区都与冀西北直接关联。我们对于地缘交叉区域的传统民居进行研究时应突破行政区划的界限，结合整个周边区域以及文化脉络来进行综合全面的研究，虽然范围模糊，但有助于兼顾民居形态统一的原则，综合考量区域个体的取舍。从人文环境看，冀西北历史上是农耕与游牧民族杂居交往、贸易流通、文化融会的重要之地，明清两代坝上高原地区以蒙古文化因素为主，山间盆地地区主要受到晋商宅院文化的影响，燕北山区则是四合院类型的流布区，三种不同的建筑文化相互渗透，使得该地区民居建筑发展表现出历史演变的复杂性和地域复合的多样性，共同发展并形成了一个融合的民居建筑文化群体。一个区域的文化属性却绝不是能用行政区域的划分去孤立的界定，所以，在界定冀西北区域研究的空间范围上又有所向周边区域北京、山西、内蒙古拓展，为了避免论述混乱而徒增纷扰，空间区域名称上统一以“冀西北”行文，将冀西北传统民居置于更广泛的传统民居类型之中进行比较研究。

二、时间跨度

冀西北历经世代生息，创造了特色鲜明的、具有时代特色的聚落形态，部分可以追溯到战汉时期，但保存至今的聚落和民居遗产多属明清及以后时期所建。因此，研究虽指整体历史时期，但实际上不得不指向明朝、清朝、近代作为本研究的时间范畴。当然，为了研究的整体性和论述的连贯性，时间跨度也会有所延伸。在中国传统建筑的民间体系研究中，非常关注与特定环境条件相适应、特定地方传统风俗和技艺中生长出的建筑特质，主观臆断性和客观模糊性需要尽可能避免，因此，排除一些史料匮乏、年代久远的传统民居建筑，增强研究对象时空定位与直观性和纯粹性。

三、研究对象的主要类型

研究民居建筑遗产不可避免会涉及作为其存在“母体”的传统聚落，传统聚落有乡村和城镇之分，都是按照相关生产与生活活动需要而形成的居住形态，是人类聚居的社会共同体。在本书的研究中，主要以乡村聚落为主，城镇聚落中保存较好的历史街区也会涉及。除了民居本体以外，也会涉及基于聚落存在而进行的选址、格局、街坊布置，也对影响聚落空间与形态的城池、庙宇、戏台等公共性建筑做一定的关注和相关分析。

研究对象主要分为两层：一层是基于历史朝代更替，展现出的带有各自时代烙印的聚落与民居形态的演变发展。主要包括应对明代边防紧张局势，具有军事防御功能的宣府镇军堡和所属民堡；清代以来军事色彩淡化，向民用转化的以生活起居为主流的乡村民居聚落和以经济发展为主流的城镇商业聚落；清末民初演化出以中西合璧建筑为主流意识形态，在商业城镇表现出局部改变以及零星的西化现象，在我国乡土建筑中是十分特殊的一个类型，具有独立的文化意义。另一层是基于地理环境及周边区域影响而形成的具备共时性特征的聚落与民居形态的差异共存。尤其是随着明清时期的移民实边与晋商拓展而引发的民系迁徙和匠系流动，晋风宅院文化进入坝上地区，最终形成晋风、京派、蒙韵等交互影响的冀西北民居建筑谱系三角（图1-1：本书研究对象）。

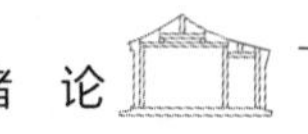

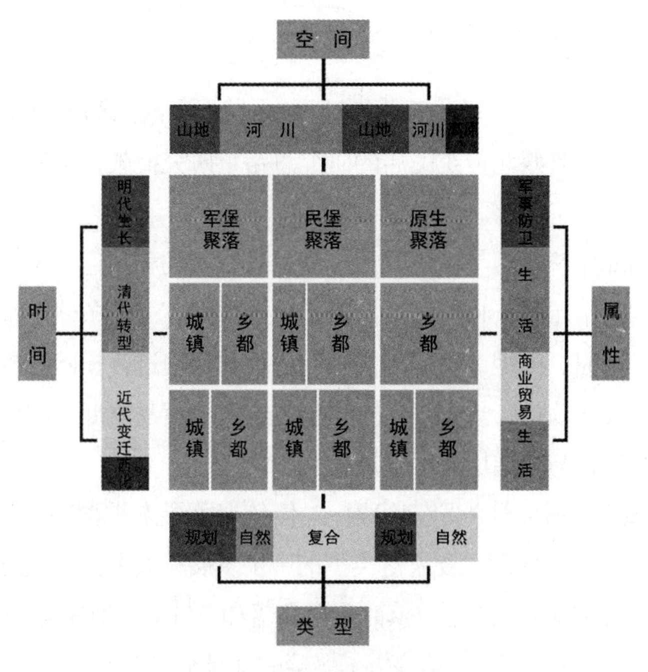

图1-1：本书研究对象

第五节 研究框架与内容

一、研究框架

本书研究框架（图1-2：本书研究框架）

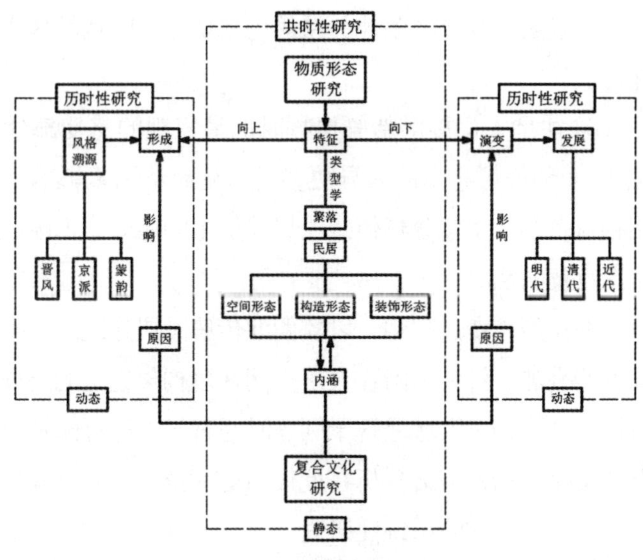

图1-2：本书研究框架

二、主要内容

第一章为绪论。研究基于对冀西北地区122个城乡聚落的调研测绘，以及国内外相关研究的综述，提出了冀西北传统民居的研究思路、研究框架，然后对其研究范围、类型分类与研究内容进行了界定。

第二章对冀西北传统聚落与民居的形成背景进行解构和阐述。主要基于自然地理依托和社会文化影响两个层面：自然因素涵盖了地形地貌、气候条件、水系河流、物产资源等方面，并基于高原、山地、河川三类不同的地理环境进行横向分析；社会因素包括了建筑考古遗存、聚落演化背景、多元文化构成、商业贸易发展、匠作谱系等方面的内容，主要考量社会变迁与纵向历时性发展的联系。

第三章以地域性和时间性为研究线索，对传统聚落形态类型特征进行研究。基于时间脉络，探讨特定语境下各时期主要聚落类型的产生发展和演进变迁，包括：原生型聚落，明代军事防御型的城堡聚落，清代城镇商业型聚落和乡村生活型聚落，以及近代产生“中西合璧”建筑意识形态的聚落。具体分析了聚落的择址分布、规模尺度、空间形态等宏观层面研究；城池边界、空间结点、公共建筑、民居街坊及路网结构的微观层面研究。

第四章对冀西北传统民居建筑的建筑尺度、空间形态、造型特点、院落布局等进行了分析和归纳，从“民居空间形态”和“院落组织方式”两个方面提炼出平面“原型”与类型，分析传统民居空间形态的功能构成和设计特征，并从社会文化、民俗习惯、审美观念、社会制度等方面分析了空间形态的深层设计思想。

第五章对冀西北传统民居建筑的构造形态特征进行了系统梳理和归纳，包括建筑的结构体系、材料构造、营造技艺信息以及建筑内外立面、门窗等形态特征，指出各地民居构造形态与其自然气候因素及经济条件关系最为密切，同时也就风水思想、文化理念等方面做了简单探讨。

第六章装饰形态往往是人们接触新鲜事物时的最直观的感受部分，相比上述两项形态，在一定区域内， 装饰形态上的差异更多的是受经济因素影响，而受历史人文因素和自然条件作用相对较小。主要分析传统民居建筑中的砖雕、木雕、石雕等装饰性元素，并研究其文化寓意及内涵。

第七章主要总结在类型转变过程中，以冀西北传统民居建筑的时空依据为基础，进而总结经由时间向度的叠加、沉淀依附在聚落空间环境构架之上的与周边不同区域“多元融和”的建筑风格，并将相关区域呈现于同一时空背景下进行比较研究，深入挖掘不同地域民居信息以及文化内涵，最终分析在近代历史背景下凸显出来的局部调整和中西合璧的建筑特点，从而完成整体的系统性研究。

第二章

冀西北地区传统聚落遗产的形成背景

第一节　冀西北地区历史沿革

冀西北地区历史悠久，各民族与朝代政权更迭频繁。《史记》中明确记述黄帝和蚩尤战于“涿鹿之野”，黄帝和炎帝战于“阪泉之野”，两战后“合符釜山”而“邑涿鹿之阿”，就发生在今冀西北地区的涿鹿和怀来一带，从而实现了中华民族历史上的第一次大融合、大联盟。商朝后期，冀西北成为戎、狄等以牧猎为主的游牧民族活动的区域，其中戎族一支在此“先于七国而王”，建立了奴隶制政权“代”国（今蔚县代王城镇），现在代王城镇大堡子村堡门上仍刻有明代文人书写的“古代”两个楷书砖雕大字（图2-1：代王城镇大堡子堡门匾额）。春秋时期，冀西北坝上地区为东胡居住地，史称“无终”，南部分属燕国、代国北境。至战国时，燕昭王北驱东胡后，开始在坝下东部地区设置了上谷郡（郡治沮阳，今怀来县小南辛庄大古城村）（图 2-2：宣化“古上谷郡”

图2-1：代王城镇大堡子堡门匾额

图 2-2：宣化“古上谷郡”牌楼

牌楼），赵武灵王在旧代国地置代郡，匈奴已入据包括冀西北坝上在内的漠南地。

秦灭六国后，大将蒙恬率兵北击匈奴，仍置上谷郡（郡治沮阳，属幽州）、代郡（郡治代县，今代王城，属并州），渔阳郡仅辖今赤城小部分地域，除康保县中北部为匈奴游牧地外，坝上皆为上述三郡领地。汉承秦制，仍分属以上三郡并开始大量建县营邑，西汉初期，坝下中东部地属幽州刺史部上谷郡，西部为并州刺史部代郡管辖，坝上地区北部为匈奴、乌桓活动地区，东汉时期原属并州的代郡更隶幽州，北方鲜卑族王庭设在“弹汗山数仇水上”（今尚义县的大青山、东洋河一带），逐渐占据了今坝上一带。三国时期，除张北一线以北属鲜卑外，其余皆分属魏国幽州刺史部上谷郡（郡治沮阳）、代郡（郡治高柳），西晋时分上谷郡又置广宁郡。北魏为防柔然，在北方设立6个军镇，今张北、康保县为怀荒镇、尚义县属柔玄镇、沽源、赤城县归御夷镇军事防地，今坝下各县则属燕州的上谷郡、大宁郡、昌平郡、东代郡和桓州的代郡管辖。隋代废州置县，今冀西北大部属涿郡怀戎县地界，只有西部一小部分属雁门郡灵丘县，坝上与赤城东部则由奚国占据。唐代在北部突厥地设置桑干都督府，南部大多属河北道妫州、新州，少部属河东道蔚州。后晋时，河东节度使石敬瑭把“幽云十六州”割让给契丹，从此冀西北全部为契丹辽地。北宋时皆属辽之西京道，其中坝下为道属蔚州、奉圣州、大同府地，坝上为辽国的游牧地。南宋时今冀西北地区则皆属金之西京路，分置奉圣州（治今涿鹿）、宣德州（治今宣化）、恒州（治今正蓝旗）、蔚州（治今蔚县）、

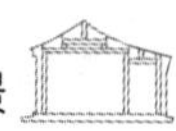

弘州（治今阳原县西城）。元代成为中书省的直属辖地，大部属上都路（治开平）宣德府，西北部置兴和路(治今张北)，其中，武宗海山曾在今张北县白城子一带营建中都。明代，坝下地区除蔚县一带属于山西大同府外，全部为宣府镇辖区，属延庆州、保安州及万全都指挥使司十五卫地；坝上先属开平卫之兴和守御千户所，后废为鞑靼诸部落驻牧地。清朝康熙33年（1693年）改宣镇为府，各州县皆隶属直隶省宣化府，边内最终形成保安、延庆、蔚州与宣化县、赤城县、万全县、龙门县、西宁县、怀安县、怀来县的“三州七县”之格局；坝上地区为察哈尔八旗四群游牧之地，嗣后又在旗制之外增设张家口、多伦诺尔、独石口三厅，形成旗县并存的“一地二治”格局。乾隆二十六年（1761年），始设察哈尔都统，总领旗兵，统管八旗游牧之事。

民国2年(1913年)属直隶省察哈尔特别区兴和道和口北道。民国17年(1928年)，改置察哈尔省，今所辖各县区均属察哈尔省境内。1949年，察哈尔省人民政府成立，大部属察哈尔省张家口、宣化2市及察南、察北2专区。1952年，察哈尔省撤销，冀西北所属各县基本划归河北省。截至2016年，主要包括辖今张家口市的桥西、桥东、下花园、宣化、万全、崇礼6个区，张北、康保、沽源、尚义、蔚县、阳原、怀安、怀来、涿鹿、赤城10个县，察北、塞北2个管理和高新技术产业开发区。

第二节　自然环境

自然生态与聚落民居虽然是两个不同类型的系统，但在长期的生发演变过程中，聚落民居与其周边自然生态环境通过相互作用构成了统一的融合体。自然环境对聚落与民居建筑形成发展和演变等方面有着重要影响，主要包括四个方面:地形地貌、气候条件、河流水系、资源状况。

一、地形地貌

冀西北地处京、晋、冀、蒙四省市区交界处，介于蒙古高原、黄土高原、华北平原的过渡地带，阴山、燕山、太行山山脉分布其间。其中阴山余脉横贯中部，东西横亘，这一线山岭在清代又俗称“坝”，海拔大都在1500米以上，最高峰桦皮岭海拔2129米，从而将该地区划分为坝上、坝下两个自然区域。据民国《张北县志》载：“南山各沟渠而上达其巅，过此虽属高原，愈趋愈下，故名曰坝，如防水坝之意”，坝顶与坝上高原内部相对高差达200米左右，同坝下的相对高差可达400～600米，从而将全境分为坝上、坝下两个不同的地理单元，是农耕区与游牧区的天然分界线。综观全境，山地、丘陵、高原、盆地间错分布，其中高原占35%，河川盆地占16.6%，丘陵占11.9%，山地占36.5%。复杂多样、类型兼备的地貌特征为塑造出丰富多样的聚落形态提供了背景依托与先决条件。

坝上高原地属内蒙古高原南缘，地势南高北低，多内陆湖泊、冈陵、滩地、草坡和草滩，山地、丘陵相对高度较小，坡度平缓，有“远看似山，近看是川”之说，当地称之为脑包(蒙语为低山之意)。坝上高原根据地貌景观差异可分为三类：北部为阴山余脉组成的疏缓丘陵，多为古老变质岩、花岗岩组成，丘陵间常有宽阔谷地，沿河两岸有沼泽分布；南部坝缘与坝下连接部的山地海拔则能达到1500 米以上，西段为汉诺坝玄武岩形成的熔岩台地；中段为中、酸性侵入岩组成的垄状山地，东段则为低山丘陵，间有黄土分布，中部以波状高原为主，冈陵、滩地、淖泊相间分布组成，海拔一般在1300～1400 米，岗梁多由变质岩、花岗岩组成，坡缓、滩地为主要牧场所在（图2-3：坝上地貌）。

图2-3：坝上地貌

冀西北山间盆地区北接坝上高原，南至蔚县盆地南缘，东连冀北山地区，西部溯洋河、桑干河、壶流河而上可延伸到晋东北，盆地四周由中山环抱，于山体间勾连贯通，纵横交错，主要有张家口宣化、阳原、蔚县、怀来、涿鹿等盆地或谷地。永定河上游洋河、桑干河及其支流壶流河穿越其间，将盆地、谷地连接起来，犹如串珠，盆地区中部

和河谷之中为冲积平原，边缘为洪积裙和冲积洪积扇，土地肥沃、水源充足，为农业耕种经济的发展提供了良好的条件（图2-4：河川风光）。

图2-4：河川风光（宋勇摄）

冀西北山地区大体上相当于南部太行山脉和燕山山脉联袂形成的华北平原与黄土高原、北部燕山山脉及其向北延续山地的交界地带，主要为侵蚀剥蚀山区。本区山岭重叠，沟谷、河谷纵横，地势北高南低，向有“九山半水半分地”的说法。山地丘陵主要有军都山、大海坨山、小五台山等，海拔在1000～2000米，小五台山主峰海拔2882米，为河北省群山之首，尤其太行山和燕山地带峰峦起伏、沟谷跌宕、森林茂密（图2-5：山地地貌）。同时，由于冀西北毗邻黄土高原的边缘地带，全区有薄厚不等的第四纪黄土覆盖，在黄土堆积较厚的地方建窑居住也较为普遍，如崇礼区和怀安县的南部山区等（图 2-6：怀安窑洞聚落）。

图2-5：山地地貌

二、气候条件

冀西北地区属于温带大陆性季风气候区。坝缘一线自古就是中原与大漠的天然分界线，使得南北温差很大，坝北还处于冰天雪地时，坝南已温暖如春。坝上地区年平

图2–6：怀安窑洞聚落

均气温–0.3～3.5摄氏度，7月平均气温18～21摄氏度；由于受强大的蒙古高压控制时间较长，冬季严寒漫长，夏季凉爽短促，昼夜温差较大，干旱大风。因暖湿空气经军都山和坝头的两次骤然阻挡，降水量较少，仅为330～400毫米。南部坝下地区属凉温区，年平均气温为7.3摄氏度，7月平均气温为23.3摄氏度，冬无严寒，夏无酷暑，春秋气候宜人，无霜期较长，雨热同季，年平均降水量400～500毫米。在热量条件上，年平均气温最低的地方如康保、沽源等县为–0.3摄氏度，最高的地方如怀来县可达9.1摄氏度。降水量空间分布上呈现出由东南向西北递减的趋势，盆地的降水量普遍少于周围山地，山地因地形对暖湿空气的抬升作用，降水较多。冀西北日照时数2800～3100小时，太阳总辐射为每平方米1500～1700千瓦/小时，太阳能、光资源较为丰富。气候作为自然环境的重要组成部分，不仅是社会生产实践活动最基本的条件之一，还直接影响着人类的社会生活，进而对聚落与建筑形式发生作用，整体来看，为适应冀西北全年干冷的气候条件，建筑形式较为关注基于抗逆视角的防寒保温，建筑较少奢华之风而讲究在朴实与适宜。此外更强调因地制宜，比如不同区域的建筑屋顶由于降水量的多寡不均而坡度陡缓不一。

三、河流水系

人类的存在必须有水源的保证，人类聚居过程中生产生活更表现出对水资源的依赖，聚落分布则基本依附于河流、湖泊。冀西北地区水资源分布主要有四大水系：即内陆河水系、滦河水系及海河流域的永定河水系和潮白河水系。坝上高原的河流除东洋

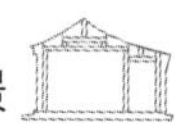

河、潮白河上游的黑河和滦河上游支流闪电河外，多为间歇性内陆季节性河，水源分布均匀且数量众多，由南向北注入内陆湖泊。湖泊多而面积不大，由凹陷地带积水、风蚀湖盆或河道壅塞而成，当地称之为“淖”，游牧民族聚落则多依淖（蒙语为湖泊之意）而建。较大的湖沼如岱海、黄旗海、安固里淖、察汉淖等，至今仍然是本地区重要的湿地生态区。横贯坝下山间盆地区主要有桑干河与洋河，属永定河水系上游河道。桑干河发源于山西省宁武县，经大同盆地进入阳原县境，在钱家沙洼纳入发源于山西省浑源县的壶流河，跃出石匣里山峡，至西沟村附近入涿鹿县境内，在怀来县朱官屯与洋河汇合，称永定河。洋河有东、西、南洋河三源，在柴沟堡东合流后称洋河。处于燕山北部山区的潮白河上源流域的赤城、龙关等地，主要有白河、黑河、红河，于白河堡进入延庆县，向东汇入密云水库。坝上地区沽源县的闪电河则属滦河水系，此外，还有池水“清湛不竭”的聚落生活性的暖泉温泉，有属于皇家行宫的“渔阳之北，去燕京三百里”的赤城温泉（《水经注》）和“疗疾有验”的三马坊温泉（《魏土地记》）。

四、资源状况

冀西北植被组成具有其独特性和复杂性。坝上高原温带草原辽阔，为内蒙古草原的一部分，以多年生草本植物广泛分布。东部广大地区为草甸草原，以狼针草、羊草占优势，杂草比重较大；西部则为干草原，优势种为克氏针茅、短花针茅、羊草、冷蒿等耐寒植物。森林区的成分主要有杨、柳、桦、锻、云杉、落叶松、榆等。历史上该地区林草繁茂，生态环境甚好，隆庆、永宁等地，自金元以来就有“松林数百里”之说，“中有间道，骑行(只)可一人（《明经世文编》）”。在怀来，“城北十余里之螺山。树木森茂，多资民用（《大清一统志》）”，云州西南金阁山“路入林峦十里幽”（图2-7：沽源老掌沟好汉坡）。迨至清初，人口不断增长、土地不断垦辟，除陡峭的深山

图2-7：沽源老掌沟好汉坡

还幸存一些小片残林外，基本无大片林木存留。变成这种状况，人类不合理的活动加剧是导致地面植被破坏的主要原因。冀西北因离北京位置较近，又盛产木材，成为元明时期理想的采木基地，京城营造建设用材与生活薪柴有不少取之于此，元初大都营建时曾在蔚州定安等处专门设置采木提领所，《蔚州杨氏先茔碑铭》载：蔚州人杨赟作为采木同提举“俾领三千人采木，作大都城门”。另外，宣大二镇所领几十万官兵俱屯集于此，因此兴建卫所、官署和大量军士营房对资源形成了很大的消耗。到清末民初，如西宁县境除产一些榆柳之外，别无他木，其房屋什器需要购得山西浑源、张家口杆木、桦木等树造器。怀安的百姓建瓦房所需木料，若松若杆，多购于大同、宁武。所以，在冀西北地区，除了达官贵人府邸或官式建筑的木作材料以外，大多民居用料及制作较官式做法更为简单合理，基本用原木直接制作，稍微弯曲也可使用，省工省料，如柁架水平架构的弯拱有利于受力而坚固耐久。

第三节　建筑考古遗存

建筑遗址是古代建筑最直观的写照，墓葬则是古代建筑的重要类型之一，冀西北考古发现很多各个时期的建筑遗址和墓葬，涉及当时人类居住的房屋以及选址、建筑装饰。

一、史前聚居

从1923年开始，在冀西北地区桑干河流域的泥河湾盆地共发现200多处旧石器时代遗址，几乎完整地记录了整个旧石器时代的变迁演化过程。宾福德夫妇曾提出旧石器时代存在过三类基本的居址类型：基本营地、工作营地与临时营地。如六马坊村的八十亩地沟遗址以三个炉灶坑为中心，边缘有四块砾石分布于四角，灶坑不大且填充物不多，应是一处使用时间短暂的临时性居址。马鞍山遗址用火遗迹包括火塘、火堆和灶等30多处，且在垂直方向上的埋深较厚，而且外围发现多处石制品分布密集区，表明这里曾经是一处制作加工石器、烧烤享用食物等生产生活性的长期基本营地。而油房遗址证明古人类在此长期从事石器的制作加工，则属于工作营地。三者的共同之处是均位于盆地的河流阶地上，背坡面水，共同构成了适宜的“居住生活圈”（图2-8：旧石器“居住生活圈”，资料来源《古脊椎动物学报》1977年第4期）。

新石器时代聚落基本上依托深厚的黄土堆积层进行居住基址选择。位于泥河湾盆地腹地的阳原县西水地村东的姜家梁新石器时代遗址，北凭虎头梁，南面桑干河，地处地

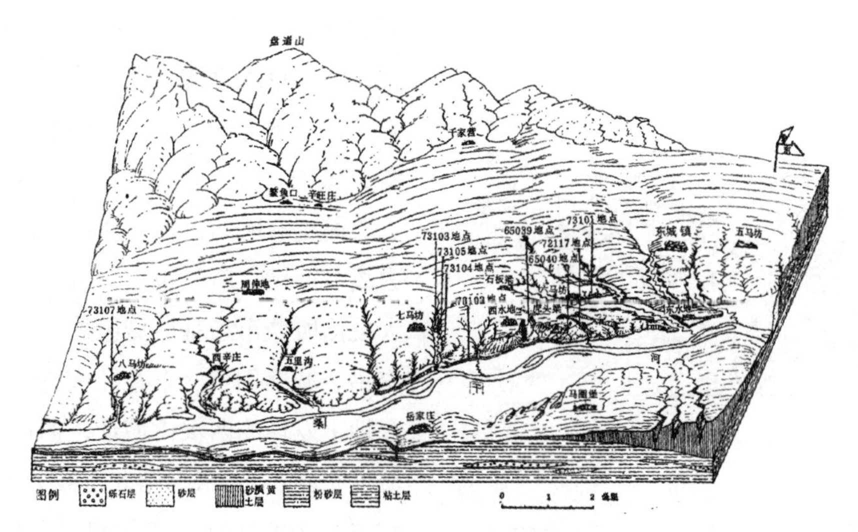

图2-8：旧石器“居住生活圈”

势优良的高台之上，相应的人居环境基础良好（图2-9：姜家梁地貌）。共发掘半地穴房址9座，清理墓葬78座。距今近7000年。该处古村落遗址的东西长约为1500米，南北宽约为100米。房址均按照东西方向分四排分布，现存基址共计9座。房址都是方形半地穴结构，门道和后世民居相仿，也多开在东南或南部。房址穴壁保存较为明显，居住面平整、坚硬，似经夯砸，有的地面则经过烧烤，房址面积基本在30～10.5平方米，其平均值为18.6平方米，和后世民居单间建筑面积基本类似。房址内发现柱洞，直径0.15～0.24米、深0.05～0.3米，并进行相关的填土处理，本区域现存的土木混合房屋应和此一脉相承（图2-10：姜家梁新石器时代半地穴遗址，资料来源《考古》2001年第2期）。

图2-9：姜家梁地貌

二、汉代城邑

汉代为了加强北部边防力量，保障军需供应，实行了徙民实边政策。《汉书·晁错传》指出：徙民实边的聚落位置应符合边民的生活和农耕、畜牧生产需要。“相其阴阳之和，尝其水泉之味，审其土地之宜，观其草木之饶，然后营邑立城，制里割宅，通田作之道，正阡陌之界，先为筑室，家有一堂二内，门户之闭，置器物焉。民至有所居，作有所用，此民所以轻去故乡而劝之新邑也。”从而，冀西北一大批治所城市与基层城邑建立起来，阡陌交错、城郭相望。崇礼区头道营村西北侧台地上发现的西汉古城址，据初步测量，城址东西长530米、南北宽470米，总面积约253000平方米。出土两座房基，内有毛石隔墙4段，灶台一座，柱洞5个，窖穴两座。陶瓦分筒瓦和板瓦两种，瓦表的两端凸弦纹中心为抹断绳纹或竖线绳纹，瓦里素面者居多，偶见手捏痕，瓦当的瓦面饰有山形纹。

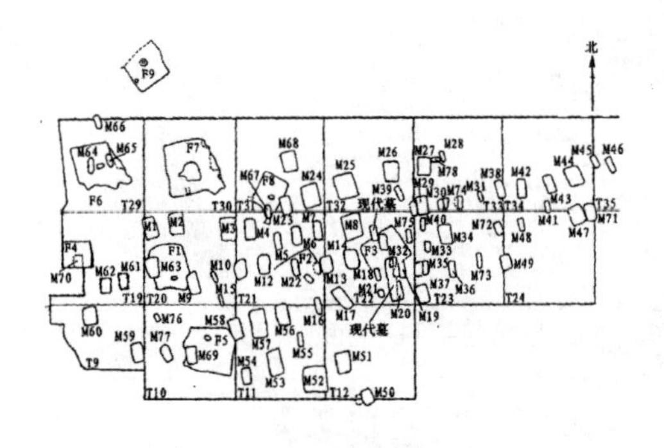

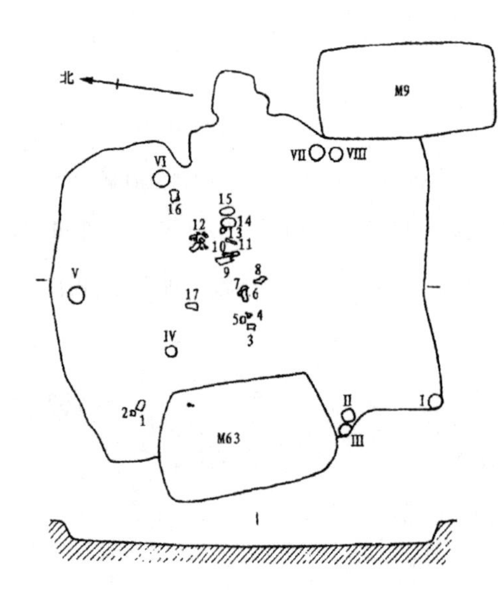

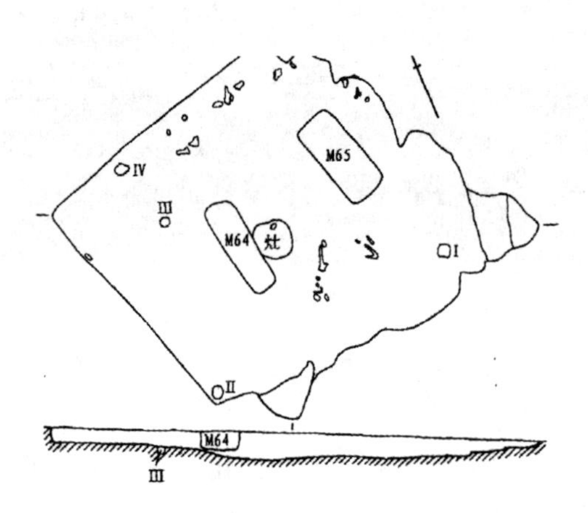

图2-10：姜家梁新石器时代半地穴遗址

三、汉唐明器

冀西北汉代墓葬的年代主要集中在西汉早期到东汉时期，墓主多为不同层次的豪强地主。墓葬类型多为洞室墓，此种墓葬形制的流行应与本区适于土洞墓建造的地貌土质有重要的关系，并且土洞墓的构造和意涵应指向窑洞类型，直至现今本地区仍然是我国窑洞民居集中分布的地区。“土洞墓与窑洞居室在时间与构筑形式、规模大小等方面基本上是相同的。因此，我们可以推断土洞墓是仿自人们居住的窑洞形式而建造的”可算是“事死如事生”的又一种体现。明器虽专门为随葬而造，但基本模仿了现实生活中的实物状态，主要包括仓房、圈房、楼阁、院落等建筑明

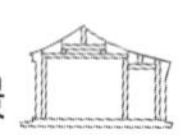

器以及陶灶、陶井、陶猪圈等生活明器，整体构成了人类居住的场景。汉代豪强的宅院多设置具有防卫、瞭望作用的望楼，如阳原西城南关东汉晚期墓出土的三层陶望楼，多设置长方形镂空菱格窗，第二、第三层之间设置平座。四阿式的楼顶布满了整齐的瓦垄，配有卷云纹圆形瓦当，檐顶正中有似鸱尾的正脊，四角的垂脊向前端渐渐隆起（图2-11：阳原县南关东汉墓出土建筑明器，资料来源《文物》1990年第5期）。作为储存粮食的陶制仓楼的特点是密封好，多设窗户，河北宣化东升路东汉中晚期墓出土陶仓楼仓内分上下两层，仓门上方设上方形菱格窗，仓楼顶部为悬山顶，两面坡上布满整齐瓦垄，前檐远远伸出，与其遮蔽风雨的实用功能紧密结合。出土的陶井有圆形的井栏，其上设井架，井架之上立四阿顶井亭，除了维护井水卫生，也具有较强的装饰作用。

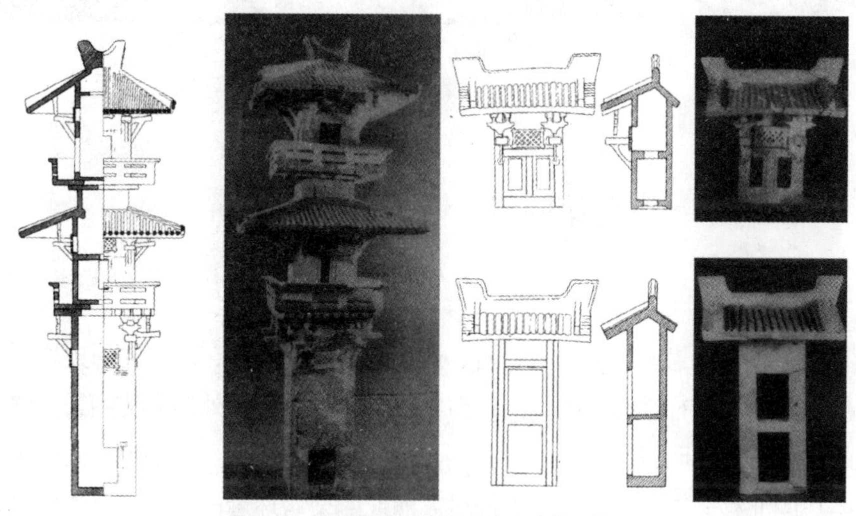

图2-11：阳原县南关东汉墓出土建筑明器

四、辽代壁画

下八里辽代墓葬是辽代冀西北民居建筑特色的真实写照，在已发掘的墓葬中如张世卿墓、张恭诱墓的墓志里都提到他们葬于兴福、七宝二山之阳。北山左右岗阜错落，如两翼合环回抱。墓群即坐落在缓坡的斜面上，南望洋河，符合古人选择墓地的风格。墓葬坐北朝南，多为双室墓，其中最具特色的当属辽代晚期精雕细琢的仿木结构门楼，以保存较好的张匡正墓门楼为例，其下部由拱券门与门框组成，上部由斗栱及屋檐组成，式样简单朴素。拱券门上绘有十朵似如意的云朵和缠枝莲花纹，门框上方雕刻两个绘菱形图案的长方形门簪。门楼铺作由普拍枋承托，为典型的宋代营造式样，门楼屋檐由挑檐桁、檐桁、圆砖椽、方砖椽、板瓦组成。门楼采用仰瓦与覆瓦铺设而成的瓦垄屋面，不仅可以防止积雨水，也更加利于排水，是北方地区最常见的屋面形式。而张匡正墓后室北壁正中的砖雕门楼推测应为模仿地面建筑庭院的仪门，人字形屋脊中间绘有博风板和垂鱼，和后世本区域所存的明清门楼基本类同。墓室前室内部模仿汉式地面建筑的庭院布局，后室的圆形"穹庐"与契丹人居住的毡帐极为相似，其比例准确的构造形式及合理的内部空间形态，是契丹与汉族之间多元素文化交流与融合的产物（图2-12：宣化下八里辽墓建筑装饰）。

图2-12：宣化下八里辽墓建筑装饰

第四节　聚落演化背景

现存的各种聚落遗迹集中于明、清、近代三个时间段。在漫长的历史岁月中，中央王朝虽然对冀西北进行过有效的统治，但农牧交错、民族杂处的人文图景始终没有得到根本性的改变。直到明清时期，中央王朝与蒙古族从激烈冲突到平等共处的关系变化以及政治中心的北移，在深度和广度上都对冀西北的聚居环境产生了明显的影响。近代以来，由于政治时局剧变、西方文化入侵，使得部分民居建筑意识形态和功能发生了调适性的变化，并呈现出鲜明的地域和时代特征。

一、明代聚落的发展与集聚——城堡之筑

明代以前，冀西北地区除了少数地区及城市以外，地虽阔而居民少，土虽多而耕者少，聚落的特点是少、小、散，保持着一种原生性的状态。这种形态在一定历史时期内表现出生命力顽强的因素，但明蒙对抗人为地改变了这种原生状况，出现了大批以卫所城堡为代表的防御性聚落形态。

在明代，北边防务一直是令明朝廷十分头疼的问题。退居漠北的"北元"政权"引弓之士不下百万众也，归附之部落不下数千里也"，时刻威胁着明王朝的北疆。宣府镇作为明代九边防御体系的负荷重心，是拒阻西北残元势力南下捍卫京师的国防屏障，

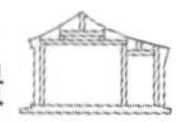

战略地位极其重要。在国家“筑城”行动的影响下，宣府镇也进行大规模的造城建堡防御性活动。尤其正德、嘉靖年间，蒙古部落势力日趋强大，“大同宣府一带，山川旷阔，水草便利，往过来续，未有宁岁”。

仅从明成化七年（1471年）至隆庆二年（1568年），瓦剌、鞑靼诸部侵扰宣府镇及其辖地就达三十多次。宣府镇设立以后，区域内城堡林立（图2-13：九边图四），以万全都司所领的15卫、7守御所为重点，筑建了镇、卫、所、堡城共计70座。其中镇城1座、路城7座和驿城1座，7座路城又下辖61个卫所堡城。同时，实施“留军屯田”制度分地屯守，大批“世袭”军户携家带口驻守边塞，新的聚落雏形显现。万历《大明会典》中提到：“国初兵荒之后，民无定居……后设各卫所，创制屯田……军士三分守城，七分屯种。又有二八、四六、一九、中半等例。皆以田土肥瘠、地方冲缓为差。”

图2-13：九边图四（中国历史博物馆收藏）

同时，还筑有大量的民堡，大部分民堡就是过去的村落。明中后期，随着蒙古侵掠的升级，为了加强自卫能力，做到“家自为守”“人自为战”，又在近边设立民堡，“相度民居之便，或百十余家则筑一大城，或五六十家则筑一小堡”，堡多少不等，大小不同，有一乡而堡至数处，有一堡而人至数家。同时，为了增强边境的经济实力和农业开发，多次实施有组织的移民屯田垦荒政策，晋中南及其他省份的移民奉诏分批到张家口立庄筑堡。《水东日记》卷三十四载：成化元年修饬，旧有拒敌堡五十二，屯堡七十九，新增筑屯堡五百七十二。新旧屯堡编以千文，起「天」字屯堡，止「于」字屯堡，通七百三座。笔者根据现有文献资料进行了统计，宣府镇可考属堡有998个，属寨39个。明蒙关系的尖锐对抗对使长城内侧的聚落景观产生了剧烈变化，正如民国《偏关志》载：到明中叶，“益兵增将，络绎于道，营帐星罗棋布”“版舆日兴，城堡相望”，城堡密集可见一斑（图2-14：蔚县村堡聚落群）。

图2-14：蔚县村堡聚落群

二、清与民国聚落的蜕变与扩张——乡都之昌

（一）边内聚落的蜕变与转化

清鼎革后，蒙古内隶，华夷相安，明时戍兵大都解甲归田，编为农籍。居民成分变化，透露出城堡功能转变。长城不再是中原王朝与游牧政权的军事分界线，社会局势经历了从屡遭兵乱到逐渐和平安宁的变迁，一方面边内防卫意识浓重的城堡随着战备功能的消失而发生了蜕变，宣府镇从边防重地转变为隶属于直隶地区的内地州县，军堡和村堡原先具有的战备防御功能演化为具有行政、商业属性的城镇聚落或为乡民提供安居乐业空间的生活性乡村聚落；另一方面，随着边外开垦，农进牧退，在原游牧民族占据的坝上地区形成了新的原生性聚落。比如，从不同时间节点、不同版本的方志中对蔚州乡村庄堡的载述，可以看到聚落本身以及当地人对聚落认知的变化。明崇祯《蔚州志》中以“州堡”与“卫军堡”两类来分别记载，强调其突出的军事防御功能，强化明蒙对峙的环境下聚落整体上呈现出务实性的防卫特点。至乾隆时期的方志，对于堡寨则一律不再称“堡”，皆统称为“乡都”，光绪州志也沿用此例。据（清）光绪《蔚州志》“四乡图”中带“堡”的村名仅有57个，只占村落数目的十分之一多。上述称呼演变说明明清两代战和局势下，从战备防御性的“堡”到生活“乡都”的转变，反映出各个时期对乡村庄堡功能的认知异同。

“隆庆和议”之后，社会基本承平，城与堡都形成了大量庙宇围绕戏楼的生活娱乐型中心，同时也必将指向聚落实际的建筑类型和形制的变化。其发展变化基本以渐变和突变方式两种进行，并朝两个方向转化：城镇聚落与乡村聚落。前文所述高层次的卫所城堡后来基本转变为府州县城等行政中心，一些中等和较低层次的堡寨则多数转变为以生活起居为主流形态的乡村民居聚落（图2-15：水中堡聚落风貌；图2-16：宋家庄聚落风貌），清代乃至现在大多乡村聚落即由此发展而成，同时聚落也呈现出越来越密集的趋势。此外，这一时期城镇的商业贸易蓬勃发展，逐渐形成了以经济发展为主导、以中西合璧建筑为主流形态的城镇商业聚落。

图2-15：水中堡聚落风貌

图2-16：宋家庄聚落风貌

（二）边外聚落的形成与扩张

随着社会经济的长期发展稳定，内地的人地矛盾空前尖锐，清代到民国时期，先后实行招民垦殖、移民实边、放垦蒙旗政策，边内晋冀等地百姓大量移民边外，涌入察哈尔等地谋生。边外土地逐步开垦，汉民逐渐增多，“直隶口北三厅之设，移民垦土，益形进步——北齐燕晋之民，水注云集，乃建道设县，壁垒一新”。乾隆《大同府志》记载，“蒙古驻牧旧壤，近则设官建邑，制同腹里，几无中外”，口外坝上地区从毡裘毳幕的传统游牧社会演变为壁垒一新的旗县并立、农牧双举的多元社会。根据《口北三厅志》记载，雍正2年(1724年)仅右翼四旗就已垦地29709顷，人口“山谷僻隅，所居者万余”。北部坝上区各县以采取放地编号措施的“号”为村落名非常普遍，如地字××号，也有的直接称为二号地、三号地。据民国《张北县志》卷五《户籍志》的记载，到民国23年时，仅张北一县村庄数量就达到1547个，镶黄旗屯垦队在康保县设10个棚屯兵垦荒而形成村落。清末民初，可以说坝上区域基本上形成农业或半农业的景观情景，大批汉族移民成为边内汉文化传播的载体，将内地文化因子及模式、农耕文明移入口外坝上地区，逐渐形成了一个移民创生文化区。从某种意义上可以说是内地文化在坝上地区的扩展，从而加深了汉蒙两族间的了解与认识，促进了民族交流与团结以及对国家的认同感。

第五节　多元社会因素构成

在冀西北民居形态的产生、演变过程中，建筑文化的地域性必然指向社会制度、生活方式、经济结构和民族文化等因素。

（一）行政区划交错

在很长的历史时期中，中原农耕王朝与北方游牧民族政权交替统治冀西北这一区域，农耕与游牧两种不同文化在这一过渡地带上相互渗透与融合。并基本以长城为界，两边存在不同的民族、文化以及不同的经济体制和社会结构。《辽史》记载“长城以南，多雨多暑，其人耕稼以食，桑麻以衣，宫室以居，城郭以治。大漠之间，多寒多风，畜牧畋猎以食，皮毛以衣，转徙随时，车马为家。此天时地利所以限南北也。”坝上地区虽然短暂纳入过中原王朝的版图，但基本上是游牧民族居住生活的舞台，并一直保有游牧文化的因子。而长城以内的广大地区，也因分属不同的行政区域的划分而存在着文化亚区的差异，从战国时燕赵向外扩张势力到秦汉抵抗匈奴侵扰，冀西北坝下一代建设起了代、上谷等郡县治所城市体系。如冀西北坝下东部地区战国时隶属燕国，秦汉归幽州刺史部上谷郡，是燕文化分布的北区，与同属幽州区划内的北京地区及燕下都等地联系紧密；西部地区战国时隶属赵地，秦汉代归并州刺史部代郡，与该行政区域内的山西雁北地区基本一致，具有源于三晋的赵国文化遗风，很早就形成了结合晋文化的文化价值特色。总之，冀西北自新石器时代以来，经过农耕与游牧、征战与和平、迁徙与定居等漫长的文明演进，形成一种巨大的传统精神和价值观念，并内化为冀西北民居的风格和有机组成部分得以传承，体现出文化构成的复杂性。

（二）多元文明交流

冀西北这一地区自古以来就是宜农宜牧地区，既是农牧分界区，又是农牧交错地带，这里文化发展的规律性突出表现在：同一时代有不同文化群体在这里交错。从新石

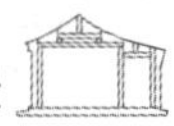

器时代开始，就已经奠定了同一时代不同文化群体交流窗口的历史主题。在距今五六千年间，发源于辽西地区的后红山文化、发源于关中盆地的仰韶文化庙底沟类型以及来自豫北冀南地区的后岗一期文化在冀西北相遇，相关学者认为以上三种文化的时空框架分别与黄帝、炎帝、蚩尤考古学文化类型相对应。后红山文化类型最具代表的阳原县姜家梁遗址，庙底沟文化类型的蔚县三关遗址以及后岗一期文化的四十里坡遗址，三者共处于方圆 25 公里的范围之内共存并融合。此后辽宁西部的小河沿文化、晋中盆地的龙山文化也先后在这里存在，从文化关系来看，冀西北地区不仅是中原、辽西和内蒙古、山西几大文化区的交界地带和沟通枢纽，还是北方草原文化与中原农耕文化的“双向通路”， 李伯谦认为以冀西北的涿鹿县为中心，包括山西东北部、内蒙古中南部、河北省张家口市所辖各县以及北京相邻各县一带，才是黄帝族最初的活动区域，其核心地带恰好指向了冀西北地区。后来的历史进程中农耕与游牧文明多次在此征战碰撞、交融发展，是汉、蒙古、契丹、女真、柔然、鲜卑等民族文化的交流汇聚之地。“中国统一多民族国家形成的一连串问题，似乎最集中地在这里反映出来，不仅秦以前如此，就是秦以后，从‘五胡乱华’到辽、金、元、明、清，许多重头戏都是在这个舞台上演出的”。

（三）移民军屯交织

冀西北地区在军事上一直都是战略要地，历代政权都以此为全国的北方屏障。汉讨匈奴、唐征突厥、宋抗辽国、明防北元，冀西北都是农耕民族与游牧民族攻防的战争前沿。洪武初期，为防止北元的侵掠，明廷采取将沿边百姓迁入内地坚壁清野的政策。《明太祖实录》记载：“洪武六年冬十月丙子，上以山西弘州、蔚州、定安、武朔……州县北边沙漠，屡为胡虏寇掠，乃命指挥江文徙其民居于中立府(安徽凤阳)。”永乐迁都北京后，为巩固边防，推行卫所兵制，大批军事性人员携家带口迁入本区，据《宣府镇志》载，宣府镇辖区内有官户4551户、军户124797户、代管民户2030户，计131378户，军户及其家属是构成了本区域人口的主要成分。同时为充实京畿人口，增加兵源，多次从直晋鲁等地向京畿地区移民，进行屯田垦荒。其中永乐十四年（1416年），迁山西、山东、湖广民约2300余户于保安州和隆庆州，景泰三年(1452年)，“将山西、山东、湖广居民迁至保安州”，山西按察司提调屯田副使王亮曾言：“口外顺圣川沃野数百里——各立城堡，或令各卫军士照旧屯种，或召募山西平阳、太原二府，潞泽等五州丁多人民前不住种，以实边隅”。《赤城县志》载：“明朝时，皇帝为发展边塞经济，实行屯田戍边政策，从山西内地大量移民塞外，与当地土著人融为一体，多从洪洞县大槐树下迁来”。官方在今冀西北一带广筑土堡，以接纳从其他地区迁来的移民。

（四）蒙汉民族交融

明初，坝上地区为开平卫与兴和守御千户所地，从明永乐、宣德年间开始，卫所向内迁徙。土木之变以后，边外坝上之地更是“沦为瓯脱，汉民悉行南迁”，成为鞑靼诸部落驻牧地。清代为察哈尔蒙古八旗游牧地，其中“镶黄、正黄、正红、镶红四旗驻张家口外，正白、镶白、正蓝三旗驻独石口外”。随后中央衙门又从各旗抽调牧丁组建了上都达布逊牧厂、牛羊群牧厂、太仆寺左、右翼牧厂四牧群，统称察哈尔十二旗群，《口北三厅志》谓之“考牧之盛自古未有也”。由于受游牧生产方式决定，其城镇建设极不发达。“鞑子蒙古乃诸游牧国总称，无城郭宫室，驾毡帐逐水草而居，谓之行国。”康熙三十六年(1697年)，高士奇路经张家口口外的牧厂时，这里仍然是“牛羊不下数千百万，望若云锦”的牧业繁盛景象。随着清代“跑口外”运动，内地垦殖民众前往口外蒙古地区谋生，坝上地区变成了农牧业并存、蒙汉族群错居的地区，“自张家口，西至杀虎口沿边千里，窑民与土默特人咸业耕种”，“画井分区，村落棋布”，从而为城镇村落的肇始和生长提供了稳定的物质基础与客观条件。坝上地区民族主体发生流变，口内汉族移民要在差异性明显的迁入地环境中生活，就不仅要保持和发挥原有的文化优势，还必须吸收当地民族文化中的有利因素，以适应当地生产与生活条件的需要。当然，蒙古族土著也必然受到汉族的生产技术与生活习俗影响，因而双方在互相调和、互相吸收的情况下，形成了一种以坝上高原为依托的、多种生产方式联合并举的文化类型，促成了蒙汉注重互助、看重交往、尊重异质文化的开放思想和不同文化之间的交流传播，直接导致本区域历史文化景观的变迁。

第六节　商业贸易发展

“隆庆议和”后，汉蒙基本结束了长达200余年的对峙状态，冀西北的张家口堡正式成为双方贸易的口岸，并逐渐突破单一的军事功能转变为蒙汉互市的重要场所，塞北贸易都会的性质已经初现端倪。张家口堡贾店鳞次栉比，出现了各行交易，铺沿长四五里许，贾皆争居之的繁荣景象，晋商基于开中法积累的大量资金开始对蒙贸易（图2-17：清代张家口蒙汉交易市场）。万历中期以后，张家口堡的居民组成就已发生了显著的变化，大量实力雄厚的富商巨贾开始在堡内营建众多精致华丽的住宅。至明末清初，晋商已经雄踞张家口，基本上控制了市场，有八家最为有名。民国《万全县

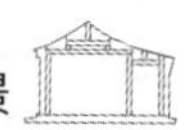

志》记载：八家商人者，皆山右人。明末时以贸易来张家口，曰王登库、靳良玉、范永斗、王大宇、梁嘉宾、田生阑、翟堂、黄云发。自本朝龙兴，辽左遣人来口市易，皆此八家主之。此外，商业团体还有冀中地区的“直隶帮”，京师旗人组成的“京帮”，还有小本经营来的“本地帮”，当然，实力都无法与晋商抗衡。不可避免，由晋商带来的各色工匠将三晋的建筑手法移植或融入进来，形成独特的建筑辐射文化。

图2-17：清代张家口蒙汉交易市场

到雍正5年（1727年），中俄开始在恰克图互市，张家口成为中俄贸易的主要渠道——“张库商道”的起点，并发展成为进入蒙俄及东欧市场的陆路商埠（图 2-18：大境门街市）。到第二次鸦片战争之前，张家口已有锦泰亨、日升昌、日新中、协同庆等票号总号或分号12家，票号完全由山西商人控制。这一局面一直持续到俄国商人通过一系列不平等条约陆续获取了各种特权，晋商在张家口的垄断地位才开始逐渐被俄国商人所取代。这一时期，张家口被迫沦为具有半殖民地色彩的对外开放商埠，英美日法等国商人也步沙俄后尘纷纷云集张家口，开设洋行、货栈，在张家口的外资洋行相继设立了40余家，其中美国16家、英国10家、俄国8家、日本6家、德国和意大利各1家。清末民初，随着京张铁路、张库公路的开通，张家口迎来了经济上最繁荣的时期，各类商号达到了七千余家，“外管”（经营旅蒙业货栈）一千家以上，贸易总额达到了白银一亿五千万两。张家口堡内的棋盘街、鼓楼东等形成了聚集型的金融中心区，并出现了一定数量的与传统建筑风格融合的西洋风格的建筑。

图2-18：大境门街市

第七节　亚区划定与匠作谱系

冀西北地区自然地理条件复杂多样，人文历史环境异彩纷呈。民居既存在共同性特征，也存在地域性差异，又因特殊的历史时期或事件产生移植性的内部移植或是突变式的外力复制。因此，对冀西北民居的亚区划分，除了参考今日的行政区划以外，更重要的是以历史地理、生产方式及方言系统为依据进行界定。

一、地理亚区

民居的地理亚区划定范围与区域地理地貌关系密切，并与相邻的京冀晋蒙接壤区域直接关联。冀西北地区以大马群山、燕山和太行山为基本界线，分为坝上高原、山间盆地和京西北山区三个亚区。以大马群山为界以北区域属“坝上高原”，包括张北、沽源、尚义、康保四县，该亚区地处蒙古高原南部边缘地带；由永定河上游支流洋河和桑干河及其支流冲积形成的阳原、蔚县和洋河盆地等山间盆地构成，与西侧山西省沟通便利，为坝下“山间盆地”，包括蔚县、阳原、怀安、万全四县；北京西、北部的太行山脉、燕山山脉及其向北延续山地的交界地带，为又一亚区，笔者将该区域暂定名为“燕北山区”，包括赤城、涿鹿、怀来、宣化四县（图2-19：冀西北匠作谱系流布示意图）。

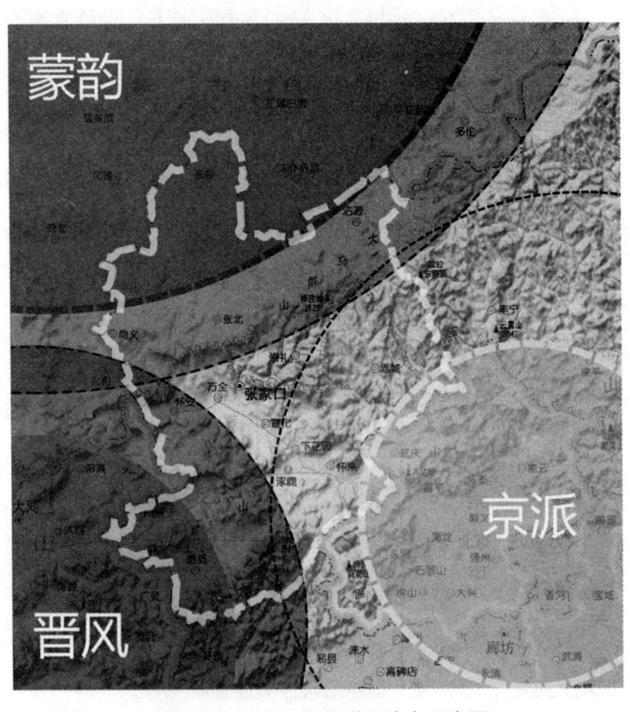

图2-19：冀西北匠作谱系流布示意图

二、风格流布

地域建筑文化具有时间性和空间性，关于空间性涉及的历史地理区划前文已经进行了具体论述，本节主要从建筑风格的时间序列来分析，元明清三朝建都北京，处于京师地带的北京合院文化兴盛起来，并向燕山以北传入西北的延怀盆地，通过京师驿道北上传入张宣山间盆地地区。北京四合院文化北进的同时，随着

明朝的山西移民活动与晋商拓展，晋风宅院文化通过桑干河、洋河谷地也进入山间盆地西部地区，并向东部和北部传播，于张家口盆地与北京合院文化交汇。此后，随着清代移民实边运动的开展与张库商道兴盛而引发的大大小小民系迁徙和匠系流动为背景，进入坝上地区。而东北民居类型在清代经承德东进赤城地区，并由山地通道将东北文化因素传入与赤城地区相邻的龙关境内。最终，基于上述多种影响因子之间的相互联系和作用，冀西北地区形成了形态各异的传统民居与风格多样的聚落文化。

三、方言区划

《中国语言地图集》将冀西北地区的方言划归北方方言区晋语区张呼片，主要原因是明清山西向冀西北移民最多且地理结构的相通。同时由于地理位置上正处于晋语与官话的接壤区与过渡地带，内部不同方言小片之间也存在一定的差异，准确地说是山西、河北、北京、内蒙古多种语言因素渗透的混合体。布龙菲尔德认为："方言土语这样强烈分化的理由显然要到交际密度原理中去寻找。"基于周边邻近区域大致分为四个方言片：一是坝上次方言片。本片区邻近内蒙古，历史上长期为游牧民族活动的舞台，随着塞外垦荒的进程，蒙古族北移，口内汉族移民不断迁入渐成聚落。方言的交融性特征较强，比如村落名称"淖"(湖泊)"脑包"来自蒙古语，有蒙古族语言的痕迹。二是坝下东部区县次方言片地带，由于紧靠北京市，说话便带有京腔。三是以阳原、万全和怀安为中心的西部区县次方言片。该片区因与山西大同接壤，与雁北口音相似。四是南部涿鹿、蔚县的山区，与保定市涞水、涞源县相连，在冀鲁官话方言片区。特别是清代以来，坝上地区成为察哈尔十二旗群驻牧地，所以蒙语地名大量出现，沿用至今。如康保的哈咇嘎，蒙语意为游牧之乡，而尚义的勿乱沟，蒙语则意为"红色的山沟"；以"图"代村的情况也源自蒙语，如张北的海流图、沽源的下马图、崇礼的驿马图、板申图等，可见民族间的相互关系也映射在聚落命名的方式中。

四、匠作谱系

地理与文化界域在一定程度上只能保证大致的重合，各种原因不外乎是动态的文化交流会冲出静态的地理界域限制，并在逐步形成文化共识与认同的过程中重新确定边界。文化之间边界往往是模糊的、重叠的并且处在不断的变动进行时态之中，地理界域和文化界域之间的混合作用实际上构成了传统民居所具有的地域特性的基础。当然，地理气候等自然性因素并不能也不可能完全限制住各区域民居的地缘文化认同，甚至相关传统民居元素早已发生空间横向迁移，但仍能够顽强保留祖籍地而不同于迁徙地的乡土特征，比如将坝下常见的土坯房与坝上民居相比较，二者间极强的相似性和逻辑关系，口里文化向

图2-20：河川地带晋风民居

图2-21：坝上高原蒙韵民居

图2-22：燕北山地京派民居

北流动中在建筑上留下的踪迹显露无遗。

对于交叉性较强的区域，以“文化板块”为参照视角，比自然地缘更有利于民居建筑区划和匠作谱系的辨识。在历史进程中，地处晋、京和蒙三地交汇区域的冀西北，晋风、京派、蒙韵等建筑匠作风格形成了一个相互重叠影响的民居“风土谱系三角”，并处于内部不断调适和外部变迁影响的状态。比如关于建筑装饰方面，京派民居主要强调平面性的髹漆和彩画饰面，晋风建筑却正好相反，以木、石、砖三雕的形式将炫富集中表现在梁枋及门脸上，而坝上民居受制于地理资源条件，保证基本的功能性之外基本不体现任何装饰。总之，冀西北文化脱胎于晋、冀、蒙、京的交界地带，不仅边塞文化底蕴深厚，而且民族融合文化尤为丰厚，逐步形成了独特的冀西北建筑文化（图2-20：河川地带晋风民居；图2-21：坝上高原蒙韵民居；图2-22：燕北山地京派民居）。

第三章

冀西北传统聚落类型与形态

研究建筑，只有从对象所依托的环境入手，才能全面地了解对象并分析出对象的本质，否则，脱离外部环境而孤立地研究，必然会割裂事物对象之间的联系，所以，研究传统民居也要基于所处的大环境——聚落入手。在冀西北地区传统聚落系统建构中，虽然具有一定的一致性和关联性，但复杂的地理环境、悠久的历史文化以及特殊的军事战略区位，也促成了丰富的聚落类型表现与鲜明的特征存在，除了区域内河川盆地、高原丘陵、险山谷地等地理条件的多样化影响着聚落形态的差异性以外，藉由其功能属性的不同，又可分为军事城堡式、商业城镇式及乡村生活式三种类型；同时从聚落变迁过程来看，又可分为原生型聚落与转化型聚落。

第一节　军事城堡型聚落

一、军事城堡形成背景

军事城堡（以下简称“军堡”）是冀西北地区现存聚落的主要形态之一。明代“西北诸边，与虏相犬牙，非随地为堡，则子女牛羊储粮蓄刍，皆虏资也（明《武备志》卷114）。”北元势力不断破扰长城内地，冀西北一直处于动荡不安、战乱频发的状态。为了加强北方防御，明廷按照九边防御体系与兵制要求修筑军堡，今冀西北坝下地区基本属于明代九边之一的宣府镇辖境（图3-1：杨时宁编《宣大山西三镇图说》之宣府镇总图）。军堡由朝廷出资修筑并置兵戍守，强制的防御“规划性”与强烈的军事“防

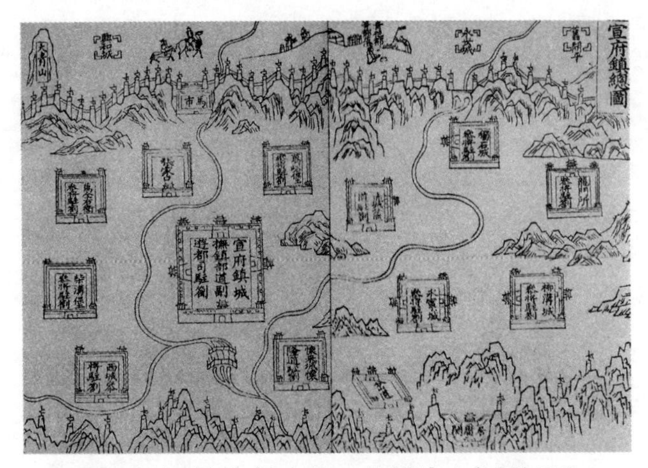

图3-1：杨时宁编《宣大山西三镇图说》之宣府镇总图

御性”是其最为重要的聚落类型特征，形成了层次性的“镇——路——城或堡”的防御体系。（图3-2：宣府镇军事城堡体系层级示意图）。宣德5年（1430年），明廷又在宣府设立万全都司兼管行政，据此城堡也可以分为“都司城——卫城——所城——堡”四级体系。由于兵员“世皆军籍”，军士携带家眷驻守边塞、代代相传，相当数量的军堡形成了指挥作战、耕田居住的军事型聚落，从而形成卫所关隘棋布、堡寨墩台林立的景象。

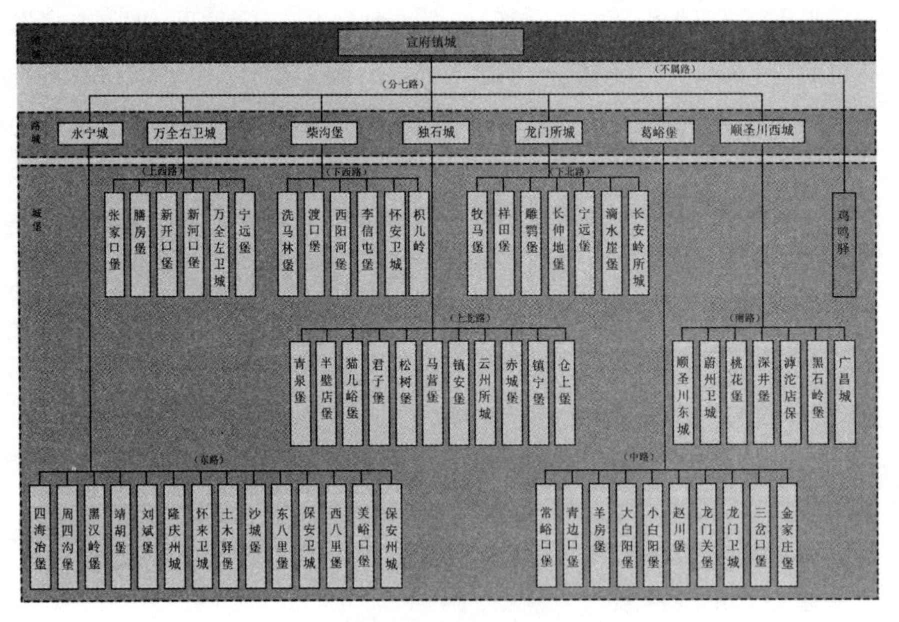

图3-2：宣府镇军事城堡体系层级示意图

二、军堡宏观分布与具体选址

（一）军堡宏观分布

军堡的分布主要依据所处环境的地理区位、地形的险要程度和战略战术价值而

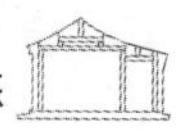

定。综观宣府镇诸军事城、堡之布局，构成以宣府镇城为中心，以长城为主线，以密集的卫所城堡为依托的据线布点、以点控面的防御体系。其一，具有战略意义的核心军堡，多位于支流与干流的交汇处的冲击平原或盆地，地势平坦，适于营建规模较大的城池并控制交通要道，从而"以点控面"掌控全局。如卫、所城之间相距约百余里，可以有效地控制所辖堡城。其二，基于"筑堡守边，建边护堡"的堡城与长城互动建造关系，进行战术"锁边"以各路城为放射中心翼状展开，与长城保持相对稳定的距离，负责长城的戍守和防御。军堡与长城的距离一般在几里到十里，如青边口、张家口堡、羊坊堡北至大边基本为5里，以便进行快速有效地进行战略防御。同时，边堡之间遇警需要相互援助，基本形成30里左右建一堡的空间密度，在小范围形成互为犄角、共同防御的联合体。史载："（马营）有警则设伏镇宁墩堵剿，半壁店、仓上堡相为应援，松树堡可以邀击，君子堡为之击尾（图3-3：马营城联合防御体系示意图）。"

由于军堡所处区位与战略意义不同，各自所控扼的范围也不同，多依山谷、河流等险要地形修筑。形成树枝状与带状结合的横纵向聚落分布形式。以集中分布在冀西北东部山区的宣府镇上北路军堡为例，从紧靠坝源长城一线沿白河水系开始先后布置独石城、半壁店、猫峪、云州、赤城等城堡，形成有效控制河流谷地通道达到阻滞敌人南下的主干道路防御体系；并在其左右翼的次级沟谷里以长城为限成树枝状布置城堡，其中左翼沿白河支流马营河一线有君子堡、马营堡、仓上堡，汤泉河支流有镇宁堡，并在马营河支流布置有松树堡。右翼的季节性支流布置有清泉堡、镇安堡。而在山西交界的洋河及其支流一线的盆地河谷平川地带，城堡呈线状分布形式，西洋河、渡口、柴沟堡由西自东依次布置在洋河及其支流沿岸，再向东的万全左卫城位于洪塘河、大清河与洋河交汇口的河谷腹地南岸，而级别最高的宣府镇城则处于洋河诸水会合东南流所形成的宽谷处，水系和陆路皆汇总纽结于此，冀西北军事城堡聚落形成双重秩序复合的空间网络结构（图 3-4：明代宣府镇军堡体系网络结构示意图）。

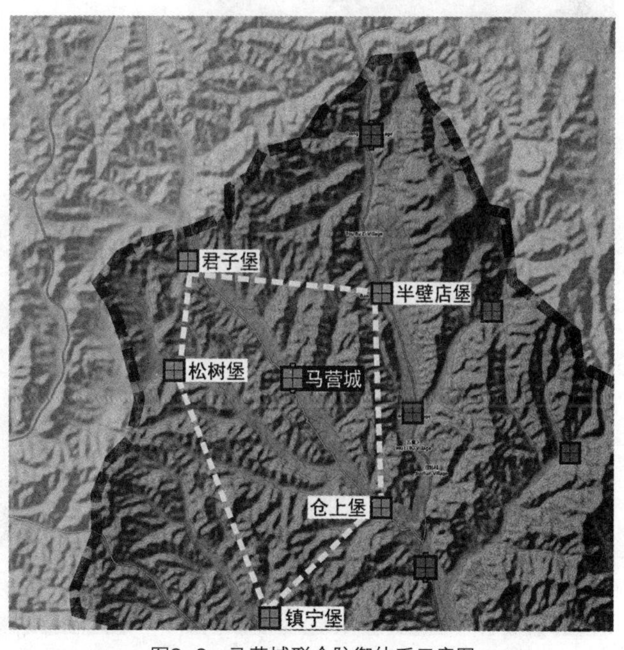

图3-3：马营城联合防御体系示意图

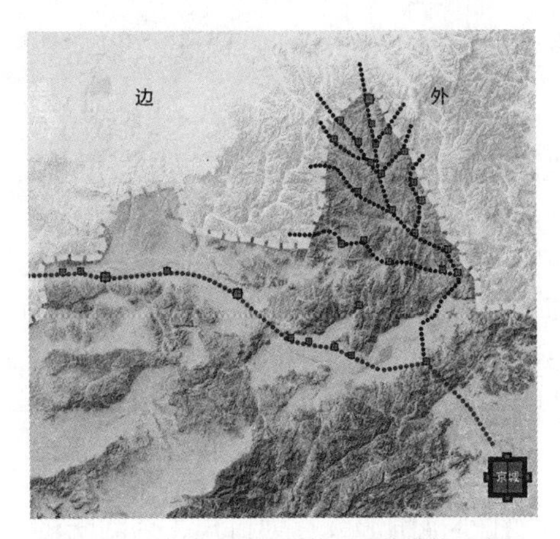

图3-4：明代宣府镇军堡体系网络结构示意图

（二）军堡具体选址

在影响军堡选址的主要因素中，地形影响最为明显，并尤为强调据险扼要。根据实地调研，对冀西北的军堡选址情况的大致可以区分为三种类型：一是居高山上、扼守山谷，如黑石岭堡位于太行山飞狐峪（图3-5：飞狐峪形势），为华北平原向西北地区的交通要冲，堡居山顶，居高临下控制峪口，视域辽阔、易守难攻，可以全面控制周围区域。二是谷中盆地、水陆并重，如西洋河堡位于宽阔的洋河谷地，北临阴山支脉梁渠山，南踩西洋河，西、北依长城，两条蒙汉古道环城而过，有效地控制住水陆交通命脉，而且洋河河畔土地肥沃，灌溉便捷，尤为适合大规模的军事屯田自养（图3-6：西洋河堡选址形势）。三是背山面水、道中下寨，此类军堡位于两山夹凹或一侧有较大山体，如马营堡位于孤山川西侧，城池跨山邻川，一半控制高山作为天然屏障，一半毗邻水道及其旁侧的陆路交通，堡内地势随山势而倾斜（图3-7：马营堡城池形态鸟瞰）。横岭城在两山之间涧口处设置城门，城墙基于

图3-5：飞狐峪形势

图3-6：西洋河堡选址形势

图3-7：马营堡城池形态鸟瞰

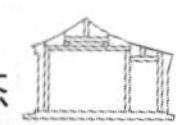

陡峻山势扶摇直上，此类军堡占地面积相对较大，范围都包括地势起伏的山下谷地和山顶（图3-8：横岭城城池形态鸟瞰），城墙沿山脊内低外高而筑，轮廓极不规则，一般在堡外山顶的制高点上筑有军事瞭望与传递信息的敌楼。

图3-8：横岭城城池形态鸟瞰

二、军堡规模与演化归宿

（一）军堡规模等级

一般情况下，军堡规模（城周）大小与行政等级高低表现出大致的对应关系。在本书所统计的冀西北地区70座明代所建城池中，宣镇城的规模最大，“方二十四里有奇”，城周规模四里以上的21座城池中，有卫城10座（占47.6%）、州城3座（占12.5%）、所城2座（占9.5%），余下的6座堡城（占28.6%）中，大多处于长城前线的“极冲”之地。除宣府镇驻有总兵官外，余下驻有参将的城堡有独石城（周六里二十步）、万全右卫城（周六里三十步）、柴沟堡城（周六里一百零八步）、永宁城（周六里十三步）、葛峪堡城（周四里二百九十二步）、顺圣川西城（周四里十三步）、龙门所城（周四里九十步）等 7 座。有行政区划的三座州城中，由于军民相附，并驻有行政衙门，蔚州城周七里十三步，保安州城周四里一百四十八步，延庆州城周四里一百三十步。军堡驻扎人数多少基本根据军堡规模的大小而定，宣府镇城是本镇等级最高的军事城堡，驻军多达20348人；卫城如怀安城规模为周九里十三步，驻军为1403人；所城如广昌城规模为周三里一百八十步，驻军为406人；所辖堡寨，如牧马堡的规模仅周一里六分，驻军仅为169人。此外，军堡规模大小也与所处位置的防御重要性直接相关，如洗马林堡仅为万全右卫下辖的一个堡级单位，但其城周也达到可观的四里零六丈，并不亚于一般的卫、所城。

（二）军堡历史演化

军堡的发展演化可以归纳为两条路线（图3-9：军堡发展演化路线示意图）：一是从堡到城——原型边界的膨胀，表现为规模的扩大和级别的提高。经过明清两代的沿用，部分聚落发展与边界扩大，行政级别得以提高为集镇，有的地方城堡继续发展而成为县城，个中原

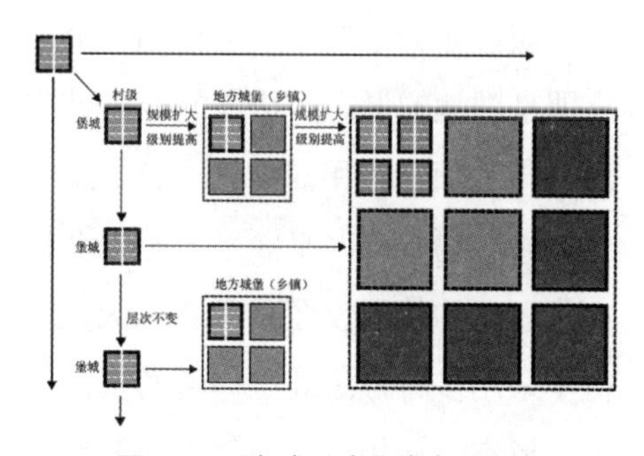

图3-9：军堡发展演化路线示意图

因应与其选址可供支撑农耕经济的优越位置有关。而个别军堡因占据地理区位优势并受商业繁荣的刺激影响，由堡城直接发展为城市，如以张家口堡为城市原点形成的张家口市。二是从堡到堡——原型的重复过程，指大多数堡城以缓慢的速度发展或被遗弃而停止发展，始终停留在村落的规模和级别上。一些城池较大的军堡呈现出明显的收缩状态，如马营堡，周六里五十步，是宣府镇东部最大的城堡，驻守“马营堡官军一千三百八十二名”，现在城中建筑占地面积却不足整个城池一半。更有甚者，由于只有单纯的军事设防功能，并不利于居民居住与生活，当时局发生变化后，其存在意义自然就不复存在，如黑石岭堡现今只有几户人家。此外，也表现出行政级别的更迭，如明代万全、左卫、怀安均是这一地区的中心城市，时至今日，都已退化为县辖镇，导致身份由雄踞一方的卫城下降为县属的巨乡大堡。宣化（宣府镇城）的地区性首位城市的地位也被张家口替代。只不过此类城堡仍然保留着传统聚落的城池边界、内部道路结构、居住建筑和庙宇的遗址或原貌，具有较高的历史和文化研究价值。

四、军堡聚落空间形态

美国考古学家戈登·威利（G.R.Willey）曾对“聚落形态”概念做如下表述：“聚落形态是人类在自己所居住的地面上处理的方式。它涉及房屋，包括房屋的安排方式，并且包括其他与社团生活有关的建筑物的性质与处理方式。”大多数军堡聚落都具有统一的指导思想和营筑模式，整体布局严谨，功能分区明确，道路规整通达，民居尺寸均一。然而由于地形所限，部分聚落格局并不一定完全整齐划一，等级越低的城堡其空间状态越灵活多变。总的来说，城堡空间形态基本按照水平方向由外到内依次构建：外围防卫边界——交通空间形式——建筑空间组团。楼阁庙宇、衙门公署等公共建筑与大量民居构成的建筑组团形成了秩序性空隙——道路街巷，道路街巷作为整个城堡的骨架连接建筑组团的同时，又能够过渡到外围防卫边界，整体形成了防御性为主的城堡空间形态。

（一）城池形态——外围防御边界

城墙作为军堡“内部”与“外部”的分界，由人工墙垣构成聚落的硬质边界，其形态即是城池的形态。边界的存在使内部居住的村民在情感上更容易对堡寨型村落的“内部”产生归属感和安全感。总的来看，军堡城池布置有着基本统一的形制要求，布局以方形城制为基调，平面形态追求严格的方正规整，多是基于“匠人营国”的礼制规范等文化理念的体现。而冀西北地区丘陵、盆地、山脉等多变的微地形差别使得城堡建设不得不采用多种方法处理与自然资源的关系，不同类型的地形地貌孕育出不同类型特点的聚落形态。河川型城堡聚落一般修建在地势平坦的河川交通要道上，平面大多呈矩形的

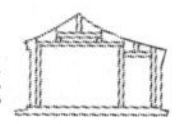

图3-10：独石口城选址形势

图3-11：马营城选址形势

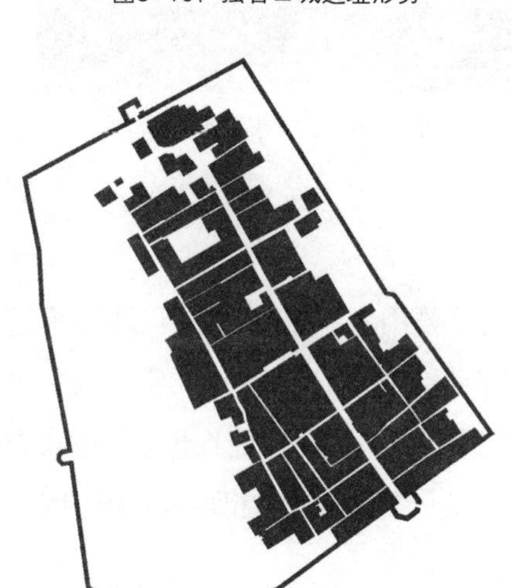

图3-12：马营城池平面形态示意图

图3-13：横岭城城池平面形态示意图

规则形态，规模相对较大，如镇、卫城等中心城堡。为了满足古代战争据险而守的要求，城堡经常会结合地形择址于山地或河谷，不得不因地制宜，城池形态往往随形走势而呈不规则形态。城池的围合形式具体有两类，一类表现出随山脉沿河流走向的特点，因势就利规划城池，例如独石口城三面傍山，两边临河，城池平面北窄南宽而略呈不规整的梯型（图3-10：独石口城选址形势）。马营堡城池三面面川，西部临山，西城墙枕山就势而建，即可据险而守，又可防止敌人登山俯瞰而暴露城中布防（图3-11：马营城选址形势；图3-12：马营城池平面形态示意图）。横岭城地当两山之冲，城墙东西跨山，随山脉蜿蜒回转，为极其不规则的形态。总之，封闭性和围合性是军事城池形态最为突出的特点，都是从保证城堡和军民在战争中的安全而着眼（图3-13：横岭城城池平面形态示意图）。就材料而言，随着明代制砖业的蓬勃发展，城墙全部包砖甃砌，其中以蔚州城墙最为典型，“雄壮甲于诸边”而号称“铁城”，《万历野获编》载：相传李克用所筑，无论精坚，其石光泽可以照面，赫连之统万城不足道也（图3-14：蔚州城砖砌城墙）。但是也有一些城堡因地处边荒，多根据当地的自然条件就地取材，山石砌筑的城池为数不少，较砖包城池的侧壁更加垂直和坚固，最典型的当属怀来的镇边城（图3-15：镇边城石筑城墙）。多数城堡一般不开北门，而且东西瓮城门南开，南北瓮城门东开，此模式几成冀西北军事城堡定制，应和规避当地西北向的恶劣气候与蒙古军队侵犯直接相关，风水取向应为附属的文化意义。

图3-14：蔚州城砖砌城墙

图3-15：镇边城石筑城墙

（二）街道格局——交通空间类型

街巷空间是城堡的内部骨架。军堡的平面格局主要由主干道、巷道和环涂等道路系统划分而成，是一种较为显性的空间特征。从对冀西北地区所遗存的70座明代军堡来看，可以概括为以下几种类型：一字形、十字形、丰字形等。为了便于迅速调集兵力登城作战，一般在城墙内侧作整圈环涂马道，而丁字街则多出现于局部巷网中，门不正对、路不直通，形成迷路系统以加强防御性。

1.十字形

十字形是指军堡聚落整体格局以楼阁或牌坊为中心节点，主干道路呈十字交叉划分并正对城门或墩台，以两条主路与两条堡墙为边界将城池面域基本等分为对称排列的四块，肌理行列排布与里坊特征明显。相邻两面域的交汇处通常设有该方向的堡门，规模较大或高级别的城堡多属此类。城堡以干道、一般街道、巷三级形成整齐平直的道路网，交通系统井然有序，脉络清晰，尤其是通往堡门的主干道宽广畅达，形成战时防御的联系空间，十字街划分了堡城各个空间的同时也限制了整个城堡的空间形态，体现了明代军防城堡的封闭性、防御性、统一性的特点（图3-16：葛峪堡平面格局示意图）。冀西北最为规范的当属按标准卫城规制建造的怀安

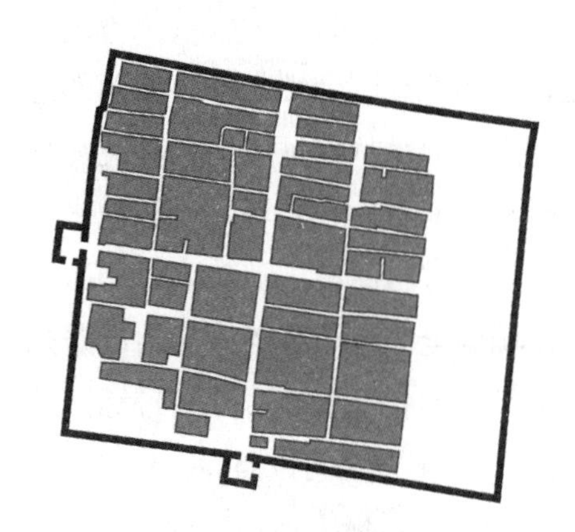

图3-16：葛峪堡平面格局示意图

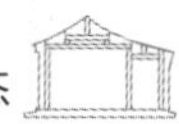

城，其周长5660米，四个城门基本建于东西、南北城墙几何中心，城楼四座。怀安城的街道平阔通直，排列有序，城门分别和主干大街连接，东西、南北大街作为纵横轴线把全城分成四区，每区又分辟东西向、南北向各三条街道（图3-17：怀安卫城平面格局示意图）。万全城周长六里三十步，略显菱形，虽然只开南、北二门，却在东、西建有两个突出城外的翼城，用于存放粮草、兵械、弹药，由小门和城内相通，平时关闭，战时开启。南北与东西向主街都为865米，将全城划分为绝对均等的四大区域，从中可以看出其明显的十字划分的严格性与控制性。张家口堡中心位置的鼓楼（文昌阁）体量高大，四条主要街道在其基座下面交汇，俗称"四门洞"（图3-18：张家口堡四门洞），成为军事意义上的控制中心和象征标志。此外，也有以四牌楼为中心象征的划分方式，如顺圣川西城在十字街建有四相国牌坊，呈口字形，俗称四牌楼，北题"榆塞风恬"，南题"熏弦解阜"，东题"斗柄春和"，西题"秦岭化洽"。一定程度上，四牌楼使长度并不一致的东西南北四条大街产生被完全等分的感觉，从而形成四平八稳的空间格局，整个形态强化主街、中心标识及边界堡门的划分（图3-19：西城四相国牌坊）。

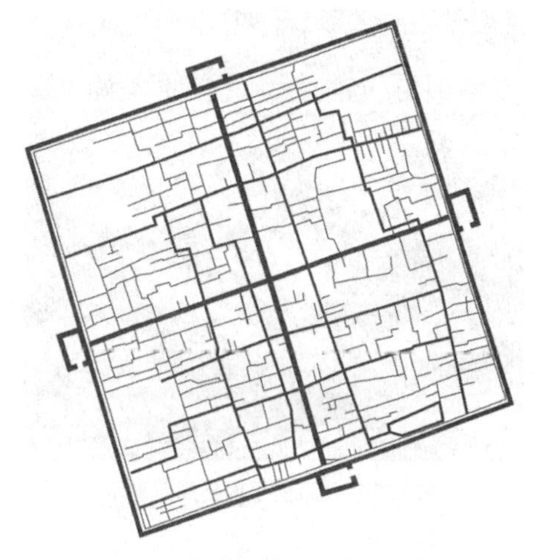

图3-17：怀安卫城平面格局示意图

图3-18：张家口堡四门洞

2.一（丰）字形

丰字形路即南北向主干道一条，在其上有若干条东西向道路分别与之相交，沿河而建的长方形的堡适合于这种道路系统。一字形多见于小型堡城，道路分为

图3-19：西城四相国牌坊

图3-20：清泉堡平面格局示意图

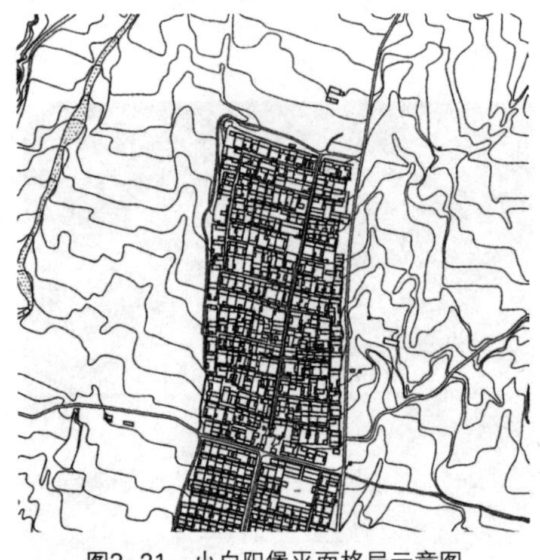
图3-21：小白阳堡平面格局示意图

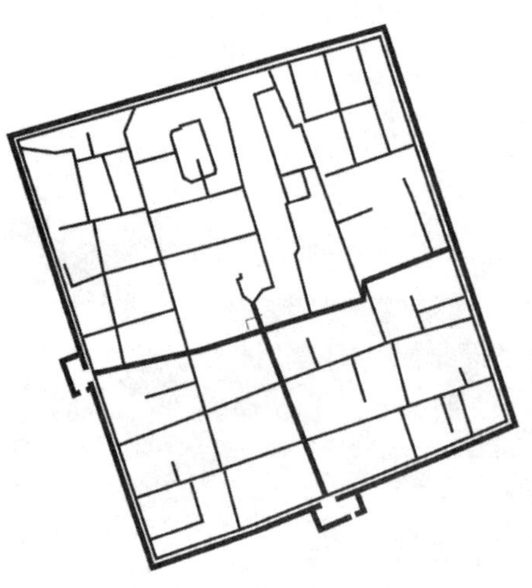
图3-22：洗马林堡街道格局

街巷二级。即堡内南北向主街一条，东西为若干条小巷。因其规模较小，经常只开一南门，如以清泉堡为代表，位于赤城县猫峪乡，地虽孤悬，四塞颇险，正北栅口相去不满三里直冲边外。本堡平面呈矩形，较为规范的南堡墙长约 375米，南北两座堡门之间距离为350米，东西长约 234米，整个城池向东北方向偏斜约 40度。堡内呈“一街八巷” 道路结构，即南北向主街和八道东西向小巷。当地人称的衙门院坐落于堡内主街靠近中心位置的路南小巷，推测应为防守衙门的旧址（图3-20：清泉堡平面格局示意图）。位于宣化县李家堡乡的小白阳堡平面也呈矩形，南北向较长，东西向略短，为“一街十二巷” 堡内道路结构，南北向主街直连北城墩台和南门，主街距东城墙约50米。为纵向的有效联通，一条南北小巷在距西城墙20米处贯通整个东西十二道巷，小巷之间以一进院落的深度进行布置，距离大致等同（图3-21：小白阳堡平面格局示意图）。

3.卅字形

卅字形格局主要由纵向左中右三路与一条横向主街构成。洗马林堡边长一里十三步，开南、西、北三门。城内主干道路为丁字街，主街从南门至城中央玉皇阁前止，连接东西门的主街横贯全城。另外，城区左右各有自北迄南墙的南北向次街，其余便是宅间小巷（图3-22：洗马林堡街道格局）。宣化城主要由三纵一横构成交通干道。一纵由昌平门至广灵门之间的街道构成；一纵由皇城北路、皇城南路构成；一纵由阁北、阁南大街构成；一横由大新门至定安门之间的街道构成；从全城道路系统来看，宣化城的中轴线为纵向的皇城北路、

皇城南路一线，从宣德门始到与横向的大新门至定安门之间的街道“丁”字交叉口而止。究其原因是，宣化城作为明代谷王受封的“王城”，王府占据城池中央，因而形成了中轴线“不直通”的设计特征。宣化城为方形，每面长六里十三步，周边长二十四里，沿城设七门一关，门制取七反映了城市规划沿革恪守“帝九王七”的封建等级制度（图3-23：洪武时期宣化城交通骨架示意图）。《宣府镇城记》载：“太宗文皇帝举靖难之时，（谷）王遗城还京时，止留四门，其宣德、承安、高远并窒之，以侦所守。”但后世基本保留了“王城”的基本城市特征。

4.棋盘形

在军事城堡中，由于受到严格的规划控制以及军户居所的整齐排列要求，棋盘格网状布局是最常见的布局形式之一。虽然大多数城堡路网格局由于历史变迁或人为因素导致而面目全非，但在偏远落后的山区地带仍有保留。如位于洋河南岸、怀安天镇交界处的李信屯堡，城池周长二里二百六十步，建有东门一座，称“镇安门”。由东门到西城墙的东西主街与北城顶玉皇庙至南城墙根的中路形成贯通的十字大街，连同次一级街巷把整个城池共辟为32个矩形居住街坊（图3-24：李信屯堡街坊格局示意图）。整个城池布局在内部设置横平竖直的道路，将空间剖分为格网，区域在网格中成排成列布置，形成方正规范、结构简练、用地均衡及空间通畅性强的格局。由于空间布局呈等间距网格状，所有网格的空间地位基本对等，能满足军户居住空间追求平

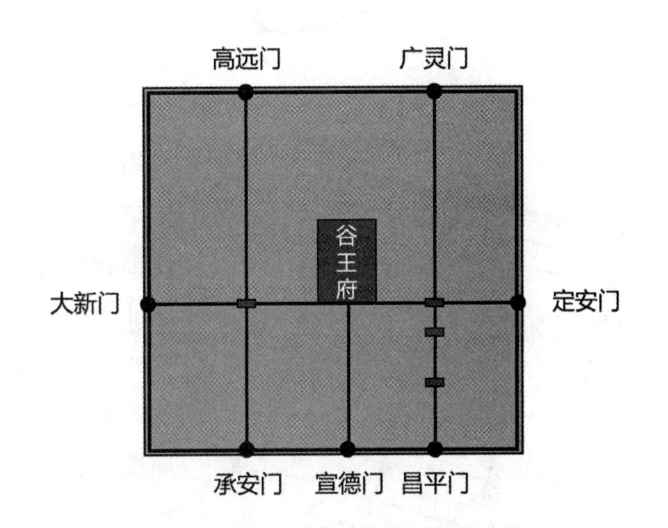

图3-23：洪武时期宣化城街道骨架示意图

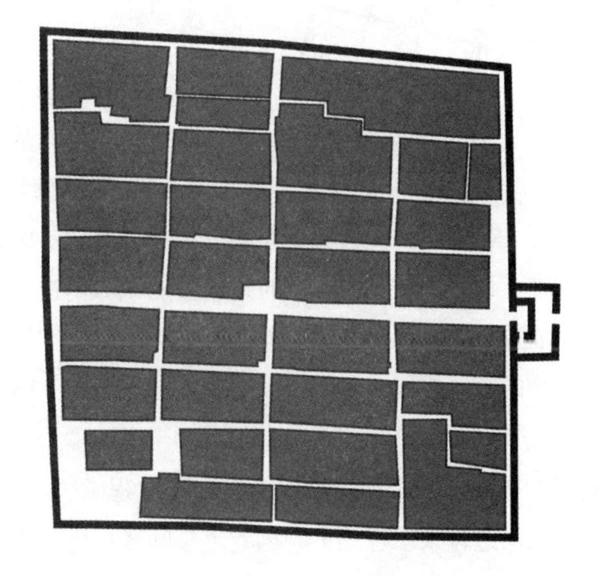
图3-24：李信屯堡街坊格局示意图

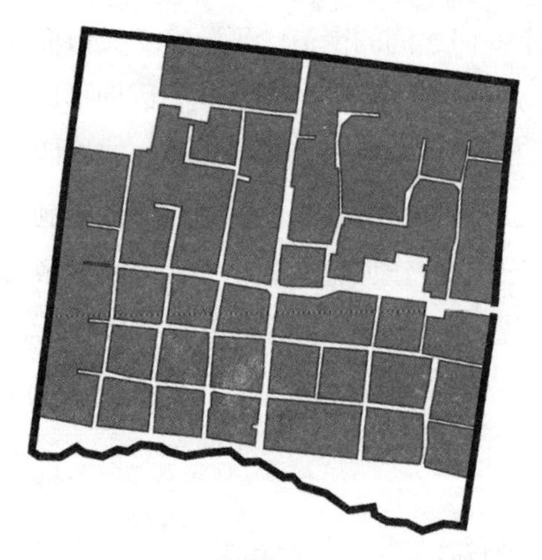
图3-25：永嘉堡街坊格局示意图

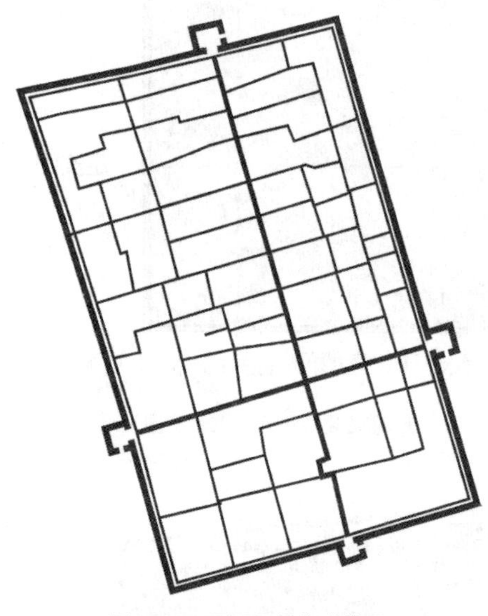
图3-26：西阳河堡街道格局

等和平均主义的价值取向，更有利于充分合理利用城内建筑用地，形成类似里坊的形式。此外还有赤城县的君子堡、山西天镇县的永嘉堡等（图3-25：永嘉堡街坊格局示意图），以整齐划一的街巷划分并确定民居及其他建筑。

5.复合型

在实际规划与营建中，部分军堡聚落的街道格局呈现出上述类型的一种复合形态。如龙门所城，其南北主街在关帝庙东西主街向西错开，分为南北两部分。东西向街道除主街外还有五条横街，此外还有南北向小巷串联各东西横街。高三层的鼓楼坐落在南部南北主街中央十字街心，门洞四开，并和城中心位置的关帝庙遥相呼应。沿关帝庙西墙直抵北城门为北部南北主街，钟楼也建于十字街心，整个城池形成双十字形格局。而西阳河城道路系统除了以四门为节点形成十字主街外，城北半部的老爷庙次街、城南半部的奶奶庙次街、城东半部的东大巷以及城西半部的西大巷和环城马道一起又形成回字形格局（图3-26：西阳河堡街道格局）。上述二城的形制特点显然有别于一般的十字街形筑城，而呈现出复合性平面状态。

6.类型演变

随着城堡扩展或功能属性转变必然导致内部格局发生变化，受社会、军事、经济、文化等因素的不断影响，聚落空间不断被充实和改造。通过比较两张不同时期的宣府镇城街道示意图，可以发现洪武与永乐及以后时期有着很大的不同。从洪武年间形成的“卅”字形的王城规制路网格局到永乐年间表现出典型的军镇格局，东（定安）、西（大新）、南（昌平）、北（高远）各留一门，由此形成了一横一纵的“十”字形主要干道，“十”字形街道构架打破了“卅”字形空间的对称布局，并表现出城堡街道变迁过程中的引起的性质嬗变（图3-27：明代中后期宣化城街道骨架示意图）。据乾隆年间《宣化府志》所记：明代“镇城人烟凑集，里宅栉比，不独四门通衢为然，虽西北、西南两隅僻街小巷亦无隙地。……官兵、乡绅、

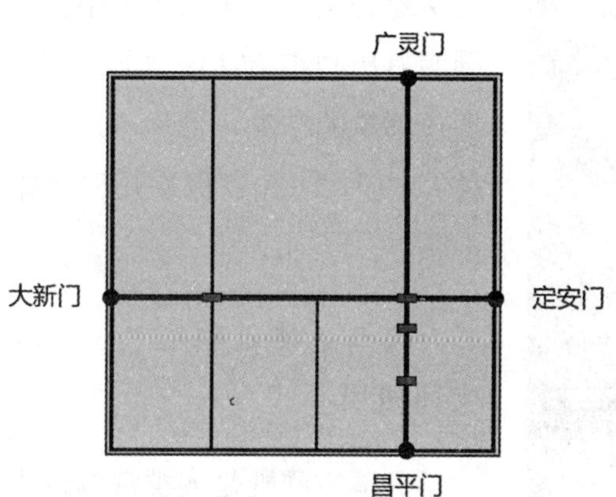

图3-27：明代中后期宣化城街道骨架示意图

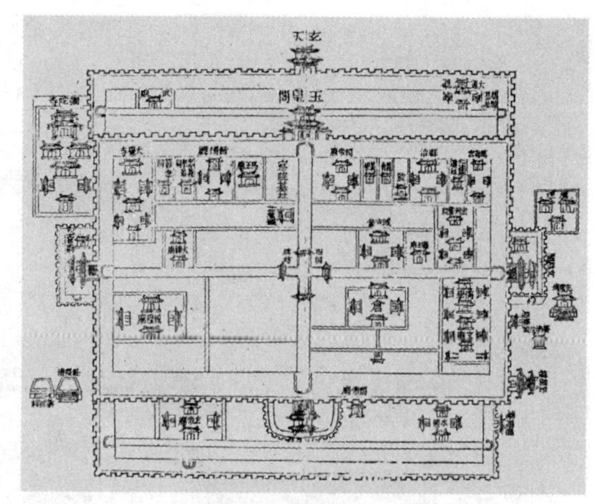
图3-28：阳原西城清代城池图

市民、商贾与四方工匠各色人等杂处其中。”但直至21世纪初，宣化城北部依然是畦田横布。

由于强化军事设防或人口增加，部分重要卫所城市或府县州城的也经过扩建展筑。如阳原西城天顺四年筑，城周四里五十二步，旧有城门三座，成化二十一年始穿门筑北关，关城周二里八十步，形成“复罗重关之险”（图3-28：阳原西城清代城池图；图3-29：阳原西城民国城池图）。保安州城为正方形，城原开南北两座城门，崇祯十三年（1640年）知州李振珽增开东门，东门名“迎旭”，北门名“景恒”，南门名“来薰”，并建有南关堡城一座，周长四百九十丈，东

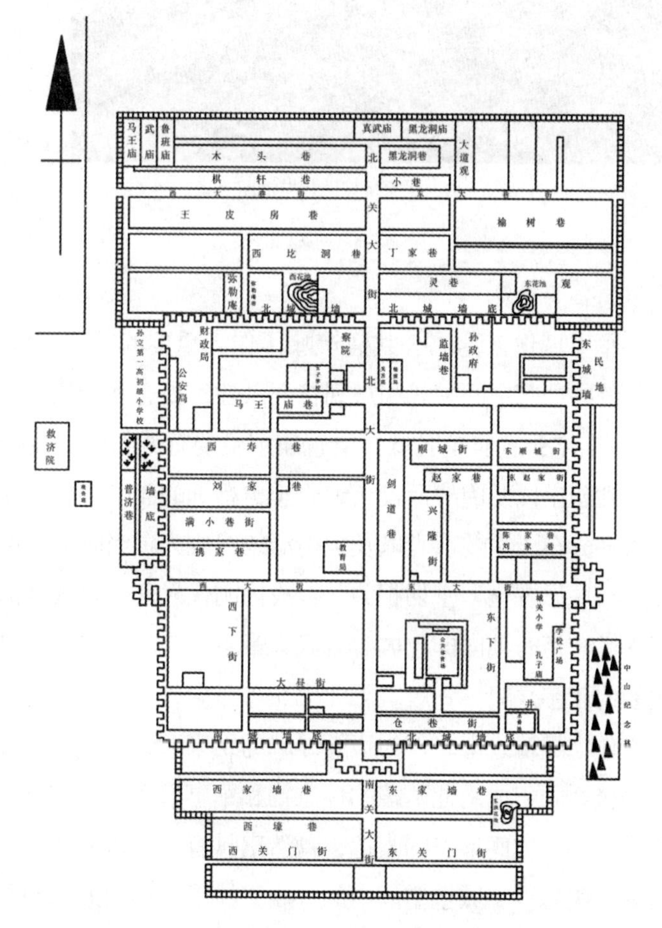

图3-29：阳原西城民国城池图

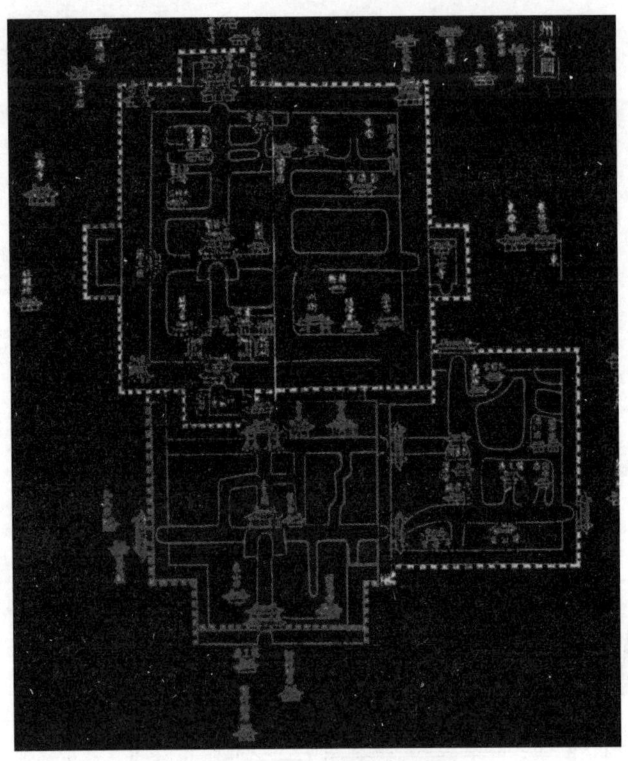

图3-30：保安州城清代城池图

门两座，南门、西门各一座，连同明万历47年（1619年）知州李垣茂增筑的东关，号称“九门九关”（图3-30：保安州清代城池图）。

（三）建筑单元——建筑空间组团

聚落空间既是人类营建行为的成果，同时又为人类的行为提供空间场所。因此，分析聚落的空间形态，尤其是内部空间的安排与布置，势必要先研究居民的聚居生活。居民所看重的道德习俗、精神寄托等行为方式的表达本身也在创造着聚落的活态景观图式。

1.公共建筑

军事城堡聚落的公共建筑除了作为重要的功用空间节点与视觉心理焦点，符合中国传统的理想空间模式和规划特征以外，更有利于增强聚落空间的领域感和可识别性。

▸**庙宇：**宣府镇各城堡所置庙宇主要有城隍庙、观音庙、龙神庙等地方常见的世俗佑护性庙宇以及因战而设、彰表忠勇精神的庙宇，如关帝庙、真武庙等武庙，大量宗教建筑多分布于重要节点以及主街沿线，成为了当时的战乱困扰下军民的精神寄托。其中武庙与城堡安全“密切相关”，成为明代村落不可或缺的建筑组成，通常在建堡的同时或之后较短时期内即建成。真武大帝主镇北方的护国之神形象使得真武庙成为城堡中最主要的庙宇之一，一般筑于北侧城墙正中位置的高台之上，雄伟峻整，并凌驾于城堡内所有住宅建筑之上，作为正街尽端的结束点，在视觉心理上也起到了很好的稳定作用，与城楼共同组成南北两端的标志物和军事枢纽。庙宇建筑在军事城堡内部所占领域比例之大影响了空间形态的表达，营造出具有安全感的场所，使居住者得到心理慰藉，使入侵者产生恐惧。城堡空间中的寺庙寄托了人们的追求与文化取向，是当时文化观念因素的物化表现，反映了军民对于宗教的依赖以及军堡本体精神防御意象普遍存在的突出空间特征。综上，庙宇作为精神性防卫并和上述物质性防卫的城池营建相辅相成共同形成

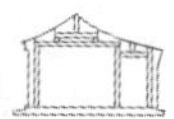

聚落的防御性格。

►**牌坊：**军堡内的牌楼作为求胜保平的精神寄托和物质载体，也广泛存在于军堡之中。镇路卫所等中大型城堡中的主街街心一般都建有标识性的四牌楼或双牌楼（图3-31：大同四牌楼），还有众多衙署的官署坊和旌表武臣的牌坊。一是牌坊具有褒奖功臣良将和纪念、追思先贤的功能，是充分体现人们所追求的人生理念的一种重要载体（图3-32：龙关城“三世都督”牌坊）；二是牌坊通过限定并收缩空间，将单一区域的空间划分为多个部分。建在街道中间、交叉路口的牌坊既作为街道路、府邸、寺庙的标识，也起着引路导向的重要作用（图3-33：张家口上堡牌坊）。蔚州古城牌楼壮观，旧时全城有各类牌楼100多座，分别建于大街、官署、路口及寺庙等处。

图3-31：大同四牌楼

图3-32：龙关“三世都督”牌坊

图3-33：张家口上堡牌坊

►**钟鼓楼：**冀西北的城堡一般会在聚落几何中心设置钟楼或鼓楼，楼阁一般由墩台和楼阁两部分组成，底层为四门通衢，四条主要街道在它的基座下面交会。青砖砌成的墩台平面呈正方形，结构基本采用帆拱与筒形拱相结合的形式，首先由四个等长的筒形拱砌筑四个方向的门洞，在中央位置筒形拱的基础上覆盖帆拱。钟鼓楼由于高大的体量及其中心的位置，既是全城的交通枢纽，

图3-34：张家口堡鼓楼

图3-35：新平堡鼓楼

又是城池的控制中心和地标标志。如张家口堡的鼓楼，在空间上形成四条主要街道的对景，并且与北部的玉皇阁一起组成了堡子里南北方向上的轴线节点。建筑的对景使在街道上行走的人们获得了视觉焦点，同时也产生了封闭的街道空间，增强了空间的领域感和可识别性（图3-34：张家口堡鼓楼；图3-35：新平堡鼓楼）。

此外，军堡与普通村堡内部构成要素的不同，在于各个城堡内存在着各级军事将领的军事衙门，如守备署、参将署等，从现存的各组官署衙门遗存来看，在总体布局上已经形成了统一的规制形式，通常在军堡布局中占有显要的位置。即使是小堡也会有一座规模相当宽敞的军事衙署，由于衙署建筑有专项的营造经费，尽可能体现统治阶级权威与尊严并强化实用功能。在调查中我们对清泉堡的防守衙门遗址进行了勘察，占地面积可达800平方米以上。同时，军堡中军用粮仓、草场等军事用地也占据了相当大的比例，如葛峪堡。

2.军户民居特征

军堡虽以防御建制为出发点，但也兼有居住功能。从军堡的人口构成上看，除官兵驻戍屯田外，主要为家属随军落户。官兵及其家属所构筑的居住性建筑形成军户民居，是构成整个军事聚落中最基本的空间层次，因为军户的存在也形成了与其他类型聚落相异的居住形态。虽然目前军堡内的民居现状多数损坏严重，但其转变为村堡后的道路结构的遗存至今，能够清晰展示出军堡的街坊格局。在史料记载和现场踏勘的基础上完全可以构架出军堡的空间布局模型。调研中发现，西洋河堡内发现由此模式的遗例。居民尽量完全采用当地材料，占地面积、建筑尺度、模式均非常近似，正房以三开间为主要形式，每开间约3.2米，基本为明营造尺寸的1丈，民居五户并为一排，以此为单元在堡中不断复制。街门一般倾斜15度左右，以方便马车快速出入（图3-36：西洋河堡某

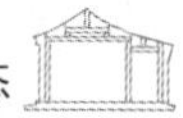

民居宅门）。由于战争的需要，边境地区所集结的军士与军户的人口数量较高，军堡民居多为标准的一进四合院建筑，占地一般不大于10米×20米，占地较大的民居的两进院，尺寸基本不超过15米×25米，较少超过三进深。人口较多的情况下，多分为横向院落的组合，这种布局可以尽量少破坏原有的街坊格局。在具体民居营建中，由于军户驻防而迁徙到此，自然而然地出现了部分军户祖籍地的民居建筑符号元素或风格特征，如西洋河主街某民居正房山墙与流行于江浙一带的“观音兜”式山墙极为相似（图3-37：西洋河某民居观音兜式山墙）。

图3-36：西洋河堡某民居宅门

图3-37：西洋河某民居观音兜式山墙

第二节　乡村村堡型聚落

一、村堡成因

随着军堡的修建，此法在近边地区又为民间所效仿，当地百姓为免遭兵燹与土匪山贼杀戮，选形势险要、地理适中之地高筑堡墙形成防御性的大批村堡聚落，以求自保，正所谓“虏马扰矣，民亦渐为堡矣”。“或百十余家筑　大城，或五六十家筑一小堡。”守卫者乃为“村落之民，耕作之辈”，因而也称“民堡”。《水东日记》载：“（宣府镇）成化元年修饬，旧有拒敌堡五十二，屯堡七十九，新增筑屯堡五百七十二。新旧屯堡编以千文，起「天」字屯堡，止「于」字屯堡，通七百三座。”根据嘉靖《宣府镇志》记载，宣府镇辖境属堡998个，属寨39个。嘉靖年间，蔚县乡绅尹耕针对建堡、守堡事宜所著并实施的《乡约》一书可谓是修筑防御性村堡的规划、施工的地方标准与规范，并基于蔚州本地乡绅力量进行大力的提倡与推动，更是修堡之举的重要推动因素与有力证明。虽然村堡无法与军堡相比，但却深受其形制的影响，在相同历史条件下，它们具有类似的防御思想、建筑技术与空间布局，并按照当地百姓本体的经济和技艺实力的差异而有着更为变通的营建自在性。冀西北地区村堡聚落群堪称中国古代乡土建筑的一个特殊而重要的类型，现存村堡数量庞大而集中，清代以后，除个别村堡发展为商业性城镇，绝大部分发展为乡村生活性聚落。

二、村堡分布与选址

明代，冀西北村堡较为集中分布在靠近地势平坦的河川和丘陵地区，如阳原县境内的桑干河、蔚县境内的壶流河、怀安及万全县境内的洋河流域附近，这些地区水源便利，除了可提供生活用水，更重要的是方便农业生产灌溉，经济条件相对较好。交通干线也基于河流流向形成西南——东北走向，且穿过卫所州城，因此，沿交通线两侧或大型城堡周围分布比较集中，人烟较盛，从而在遇到敌人入侵时有利于相互间的军事驰援，这在一定程度上弥补了河川地形不利于防守的缺陷，如蔚县暖泉、宋家庄、代王城、西合营、北水泉一线，阳原县桑干河南岸东百家泉、揣骨疃、浮图讲、辛堡一线，北岸要家庄、东堡、七马坊、辛堡一线，怀安及万全县交界的第三至第十屯一线。其他分布于支流附近的村堡，规模较小，人口仅百人左右。并且，处于河流灌溉能力较高河段的西部地区的民居质量明显好于东部，究其原因，在传统的农业社会中，农田作为村堡百姓生存的基础，灌溉能力导致的经济发展不平衡的情况正是上述村堡分布规律的反映。而蔚县、涿鹿、怀来、赤城南部的太行山——燕山山区虽然地势险要、易守难攻，但因交通不便，故仅有少量零星村堡。

由于明代特定时期的军事压力和防御性要求，生活于边镇的居民非常注重安全防御的意识与愿望，他们必须创造一种空间作为“安全领域”，“水涧——台地模式”正是上述要求的集中展现，这种规定性要求聚落选址要有利于集体的存活保全与自我防卫（图3-38：水涧子——台地模式）。因而，在实际具体选址多充分利用“冲沟裂隙”，选择在靠近冲沟的台地与高阶地之上，既能利用冲沟内

图3-38：水涧子——台地模式

的雨水、山洪或泉水汇聚而成的水面满足居住于内的村民的基本生活需要，又是利用天然地势高差进行有效防卫的基础性铺垫，从而有利于减小土方工程而实现防御性与经济性的综合考虑。修筑在河滩平地上的城堡，虽无冲沟可供依托，但会选择在北高南低的坡地上，尽管坡度可能很小，但向阳而避风，而且一定坡度的地形又方便排洪。另外，相宅卜地更是村堡选址中必不可少的一环，并堡内外广置庙宇、戏台以弥补风水上的不足，用来祈求神灵的佑护，寻求精神寄托（图 3-39：开阳堡选址与空间布局）。

图3-39：开阳堡选址与空间布局

图3-40：暖泉古镇

总的来说，明代大量的村堡虽然都是在被动的情势下营建的，并形成一种独特的筑墙围合守卫的聚落“景观”，但村堡选址往往与自然地理环境、人文历史环境紧密结合，形成一种综合性的与理想化的选址状态。如暖泉镇的选址首先遵循了“因地形用险制于塞”的基本理念，地处恒山余脉与太行山余脉的狭窄山口之间，扼守雁北通往壶流河盆地乃至华北平原的要道；其次，古镇地处丘陵台地与河滩交错地带的坡地上，向阳而避风，水资源丰富，适宜农耕（图 3-40：暖泉古镇）；再次，古镇中心的逢源池“澄清如鉴，三冬不冻”，泉水甘甜醇美，可供汲水、洗涤与灌溉，不但“遇旱祷雨辄应”，而且“池内产瑞藻，其岁必发高科”（图3-41：暖泉书院魁星楼），成为村民心中的精神依托，在气候干燥的边塞之地显得尤为珍贵。

图3-41：暖泉书院魁星楼

三、村堡组群关系

现有的村堡根据组群关系可划分为两种聚落实态，即多堡聚落和单堡聚落。单堡聚落指的是个体性的单一外围线性设防聚落；多堡聚落虽皆始于一堡，但因为人口增加或军事联防而建成多堡，此过程中不仅涉及同源村落的次生分化，同时也是一种加强群体型防御的堡寨聚落形式。

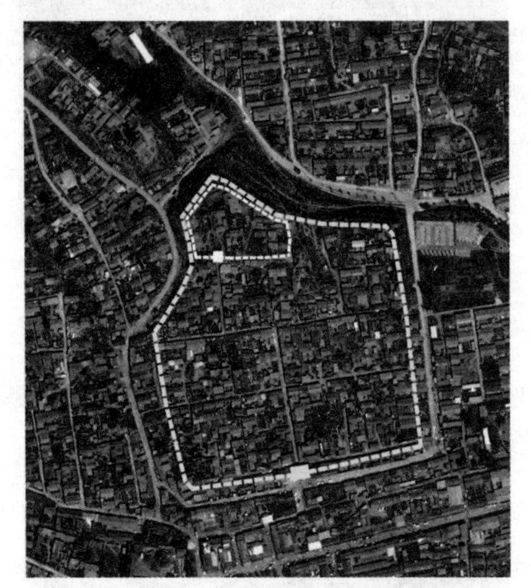
图3-42：北官堡“回”字形布局

（一）单堡聚落——个体组合

单堡聚落即由单个村堡构成的“独立自守”的完整聚落，同时也是构成多堡类型聚落的基本单元，河川地带的村堡，由于地势平坦便于统一营建，聚落形态方正规整，理性特征较为明显。村堡规模与当时社会、经济发展规模密切相关，一般而言，经济水平越发达、人口越多，村堡的规模就越大。

相较于军堡，民堡的规模较小，边长一般为100米左右，少数规模较大的村堡边长可超过200米，如开阳堡周长达1080米，而规模小的村堡边长只有四五十米，如水涧子西堡。同时，在形制大致统一的前提下也表现出了丰富多样的布局形态，如堡接堡的“日”字形布局， 堡套堡的“回”字形布局。如横涧堡共的大堡便是“堡套堡”的格局，其兴建是由于人口繁衍， “小堡”周围居住的民户增多，便圈筑围墙将小堡圈在其中，形成一个较大的村堡。北官堡内土坡陡高的西北区域，耸立着规模不大的卢家小堡，小堡为元代始建，是最早居住的地方，明代洪武年间扩建为北官堡（图3-42：北官堡“回”字形布局）。“日”字形布局如千字村、曹疃等。始建于正德十四年的千字村，因人口增加便向东展筑，除了拓展堡墙以外又新建堡门，原堡门成为村堡空间的中心节点，新旧堡门形成东西轴向的主街（图3-43：千字村“日”字形平面布局）。曹疃堡内董家住西堡、刘家居东堡，虽为一村，但两姓并不和睦，内部一直纷争不断，于是形成了颇为奇特罕见东西连体堡，有东西两个堡门（图3-44：曹疃“日”字形平面布局），两个堡门口各有一座古戏楼，北堡墙上有两座真武庙。

图3-43：千字村“日”字形平面布局

（二）多堡聚落——群体布局

图3-44：曹疃“日”字形平面布局

堡发展大体上可分为两种：一是“堡—城”模式，原型边界不断扩大而发展为城市；二是以堡为原型的白我复制，逐渐演变成现存的村堡。

多堡城镇就是其中的一种，是由两个或两个以上的村堡组成的聚落形态，并按照规模大小、所处方位或堡内居住人口姓氏进行设置区分，其木身虽然体现了聚群性和再生性，但只是限于不断复制产生量变而未进一步发展的聚落形态，或者说，多堡城镇正是形成里坊制城市之前的过渡形态。就近修筑多堡聚落是加强御敌能力的良策之一，如此一来就可形成互成犄角之势，所以在一定程度上弥补了单堡防卫力量薄弱的缺陷。冀西北多堡城镇遗存较多，代王城、北水泉、吉家庄、白乐镇四个集镇都有三个或三个以上的村堡，由于交通便利，资源丰富，随着经济的发展逐渐成为当地集市贸易所在地，逐渐成为城镇一级的区域经济中心。

如集合北官、西古、中小三堡的暖泉镇，总体布局来看，建于明初的北官堡位于东北部，建于明代嘉靖年间的西古堡位于西南部，中小堡则紧邻西古堡。据光绪版蔚州志记述：“今之乡者何也？曰：以庐舍比鳞也，形势之犄角也，器械之必具也，耕植作息之无相远也。”可见，这种彼此相互邻近、协同防御的布局在修建之初就已经考虑了。古镇平面形态构成是自发性的在自下而上的“自然生长”与有意识的自上而下的“客观规划”的共同作用下，在长年积月和叠合中扩展而成，并至今延续扩张。不难看出，暖泉镇的空间布局方式是以村落中心的广场、商业区、居住区依次层层向外扩展。“北官”“西古”“中小”三堡构成的街区空间，均有较强的规划性，虽然三堡的建设时间不同，但南北主街朝向全部保持一致，没有毫厘之差（图3-45：暖泉镇平面布局与“三堡”中轴线）。由宗族聚居而衍生出的血缘空间关系深刻地影响着聚落的基本形态，一种是以院落为基础的直系亲属聚居；另一种是以巷道为主体的旁系亲属形成的宗族街区，如刘姓、董姓等家族甚至达到了二十代人的居住历史。由此，以“家族”体系的聚居板块构成了封闭的堡寨聚居。在西古堡与中小堡以北，北官堡以东的区域，由西辛庄、西场庄、太平庄、风水庄以及砂子坡所组成的自然聚落群，从平面布局来看，

图3-45：暖泉镇平面布局与“三堡”轴线

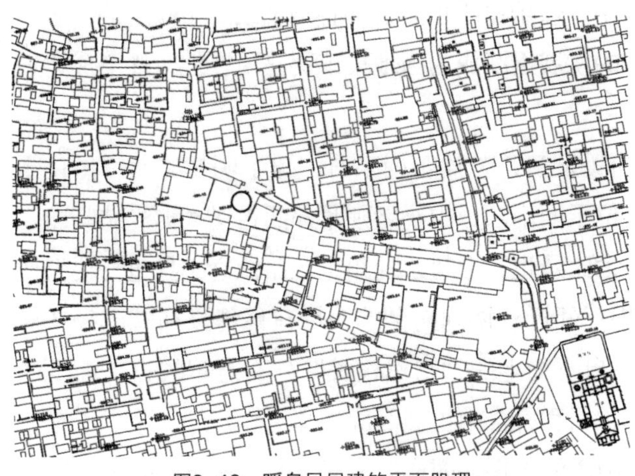

图3-46：暖泉民居建筑平面肌理

相对“堡”的规整布局状态，形成一种自下而上、由内向外的村落格局，由于受到自然地形的影响，形成了灵活自由、变化丰富的格局，道路系统随着地形呈现了发散、不规则的布置方式。如砂子坡、西辛庄、西场庄一带的民居布局朝向并没有完全按照坐北朝南的布局，而是沿着地形灵活布置，为了同时满足内部生活需求与外部的空间模式，由宅形空间的模块向街巷、聚落变量演进，体现出叠加与错落的结构与空间语言。它们之间相互渗透、相互控制并相互依存，表现出聚居空间的复杂性、多元性和难以分割的耦合现象（图3-46：暖泉民居建筑平面肌理）。

部分多堡聚落并未形成城镇一级的聚落，如白家庄连环堡聚落群，在东西820米、南北1450米的村域范围内，以聚落群中部集中建有的共同庙宇群为轴心，集合布置有白后、白南场、白中、白宁、白河东、白南共计六堡，沙河贯穿其间，形成自然分界线。其中白南场堡与白河东堡隔岸相望形成东西轴向，其余四堡为南北轴向布置，但只有相邻的白后堡与白中堡、白宁堡和白南堡分别形成相对明显的村堡聚落局部组团，从而形成过渡型的多堡聚落状态（图3-47：白家庄六堡聚落群）。明中期大云疃相继建立四堡，即东堡（大云堡）、营堡（梁家堡）、徐家堡与西堡，后有建有南、北两庄。后以小涧沙河为界东西分村，除西堡为西大云疃，其余三堡两庄同属东大云疃，已经形成标准型的多堡聚落状态，只是由于不具备交通优势和商业基础，而没有向多堡城镇过渡（图 3-48：东大云疃三堡两庄聚落群）。埚串堡村落

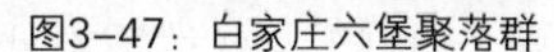
图3-47：白家庄六堡聚落群

图3-48：东大云疃三堡两庄聚落群

群由埚串堡、埚郭堡、涧岔堡等三个堡组成，三堡之间被壶流河冲积而成的两条十多米深的沟壑隔开，各堡皆依地势而建并呈品字形分布，南端的埚串堡距埚郭堡约160米，距涧岔堡仅有90米。但由于沟壑地形的限制各自独立，至今三堡仍然处于一种非常原始的纯粹型多堡聚落状态（图 3-49：埚串堡三堡聚落群）。

四、村堡街巷结构

村堡遵循堡墙界限并具有明显的轴线，堡内街巷结构清晰、主次分明，较之以自然型村落紧凑规则，只有受到深沟、高崖、河谷地形所限，聚落局部形态才略微有所变化，完全不规则型极少。村堡多开设一门，并且以南向居多，一条南北走向的主干道通向村堡北端，当地称为“止街”（图3-50：西古堡正街），沿途分布戏台、堡门、庙宇等公共建筑，特别是关帝庙、真武庙等武庙在明代战防时期更是不可或缺，大多建于堡门附近以及主

图3-49：埚串堡三堡聚落群

图3-50：西古堡正街

图3-51：东白家泉街巷布局

街尽端等重要空间节点，东西走向的次干道又将民居错落有致地区分开来。按照街巷路网的不同，村堡又可细分为“十”字形村堡、“王”字形村堡和“丰”字形等村堡。

（一）王字形

王字形布局的典型案例有阳原县的东白家泉村，原名物字屯堡，东西长158米，南北长163米，北门一座并筑有小型瓮城，瓮城门面东开。堡门顶上建有真武庙，南端建有坐北面南的地藏殿和相背的观音殿，与真武庙遥相呼应。堡内街道规划设置为三街六巷之格局，即南北为街，东西为巷，分南街、中街、北街，每街又分东西两巷，从南到北分别称东南街、西南街、中街（东）、井街（西面有两口官井得名）、东北街、西北街。南部四条街巷南北双向布置院落，北部两条街只在路南单向布置院落。由于堡内的庙宇没有占用街道和院落基址，街道特别规整。此外，还有北方城堡也较为典型。（图3-51：东白家泉街巷布局）。

（二）丰字形

丰字形是冀西北村堡最为常见的布局类型，其原因有二：其一，小型村堡由于百姓经济实力弱小，只有一条主街与多条横向巷道，多以单进院落成排布置，并不需要强化东西向的特定主街；其二，大型村堡一般多有大型家族聚居，以家族“门”“房”体制为基础，构建多进纵向院落横向组合构成方正的独立民居组团，组团之间的街道较一般巷道宽阔，组团内部多不设置贯通的巷道。南留庄是一个以门氏家族聚居为主的村落，东、西堡门与四周堡墙形成“穿心堡”的空间布局，主街道为L形，一端为东堡门，一端为关帝庙，而西堡门则位于关帝庙向右前转折处，正好契合了风水学中的“龙

道喜弯不喜直”。南北主街与南街、后街和关街三道东西次街共同构成了明代规划的“丰”字形布局面貌。阳原县双树堡三个十字路口节点把主路由南至北分为四段，并形成东西六条巷道。每个路口的转角处的民居不管是南房、正房，沿街处都要建成半圆形的挑飞出檐，共计形成12个转角。每一个转角都是由卷棚屋顶蜕变而来，在临街一侧的山墙上呈现出卷棚歇山式样。每逢重大节日或喜庆大典，转角灯笼点亮，配上叮咚作响的风铃，一派升平祥和景象（图3-52：双树堡街巷节点民居转角）。

图3-52：双树堡街巷节点民居转角

（三）十字形

十字形街巷结构主要强调纵横双向的主街，将村堡内部划分为区域面积基本一致的四大部分。本类型一般在军堡城镇中较为明确，村堡实则较为少见（图3-53：开阳堡街巷布局）。西古堡是十字形格局的典型案例，其特点为坐北朝南，布局规整。西古堡内有贯穿整个城堡的南北正街、东西主巷各一条，将城堡划分为大小相等的四个片区，构成十字形交叉的空间形态格局。南北正街分别连接南、北堡门及瓮城，东西主巷则在两端分别建有两座庙宇形成空间节点并强化了十字街巷的对景效果。其中正街宽度7米左右，东西主巷宽度为5.3米。除了主要街巷，每个区块内又有十数条宽度较小、长短不一的巷子，将各处民居联系起来，其中最窄的巷子只有1.5米宽。于是，西古堡之内就形成了主次层级丰富有序的街巷空间（图3-54：西古堡街巷布局）。

图3-53：开阳堡街巷布局

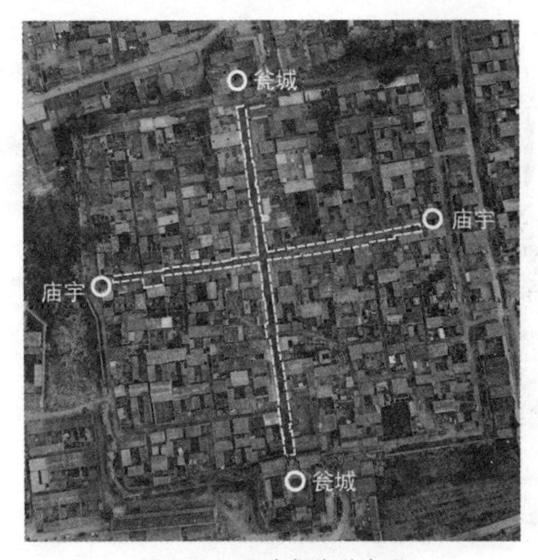

图3-54：西古堡街巷布局

图3-55：白后堡街巷布局

（四）复合型

村堡平面形态多由几种类型组构而成，并追求形状或是意象上的复合形态。其中形状的复合较为常见，指向相对明确，如白后堡至今仍保存着较为完整的传统街巷风貌，堡墙围合成东西约280米、南北约220米的长方形庄堡，堡墙北侧设真武庙，南侧开堡门，主要街巷格局呈四横两纵，当地人称：“‘王’在外，‘主’在内”，即西北侧以真武庙轴线为中心形成一个“主”字形的街巷空间，东南侧以堡门轴线为中心形成一个“王”字形街巷空间。而且横纵街巷的交叉尽端设置两块照壁，丁字路口巷口正对的宅院山墙上设置壁龛或雕刻有“泰山石敢当” 等精神防卫构件，反映出基于风水理念的传统街巷布局特征和典型尽端处理方式（图3-55：白后堡街巷布局）。宋家庄堡坐北朝南，平面呈长方形，堡内三横一竖的街道和正北的真武庙，正好形成一个“主”字形街道，堡门外正南约5米处的关帝庙与堡门之间叉开左右2条大街，正好形成一撇一捺的形状，呈现出 “人”字形的道路形态，堡内堡外公共构成“主人”二字，当年建堡时的主体寓意和以人为本的思想内涵可见一斑（图3-56：宋家庄堡街巷布局）。蔚县上苏庄以堡门与观音庙一线为轴将平面布局划分为东西两部分（图3-57：上苏庄空间布局），堡门一端形似方形砚台，另一端为毛

图3-56：宋家庄堡街巷布局

图3-57：上苏庄空间布局

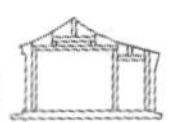

笔头，表示出对文化的重视和崇尚（图3-58：上苏庄堡门形态）。村堡东部又追求打击乐器镛锣的形象形态，内部东西南北交错的小巷作为固定框架，包含镛锣状的方正合院；加之堡内地形东西落差较大，泄洪时街巷中的流水通过山石铺就的坡道式街巷路面，发出哗哗啦啦的响声，达到乐器演奏的意象，因此又称“响堂街”（图3-59：上苏庄响堂街）。

图3-58：上苏庄堡门形态

图3-59：上苏庄响堂街

五、村堡街坊规划

1.民居与模数制

在村堡营建完成之后，堡内土地划分为宅基地，模数制最突出的共同特点是用模数控制规划设计，以利于在表现建筑群组、建筑物的个性的同时，仍能达到统一协调、浑然一体的整体效果（图3-60：北官堡居住组团；图3-61：西古堡居住组团）。村堡的模数制主要表现在大的街区划分、路网规划上，面积规模上应该也具有某种内在的模数关系。

一般以一进院落为基本的模数单位，并以正房的间数控制院落的宽度，其中设置

图3-60：北官堡居住组团

图3-61：西古堡居住组团

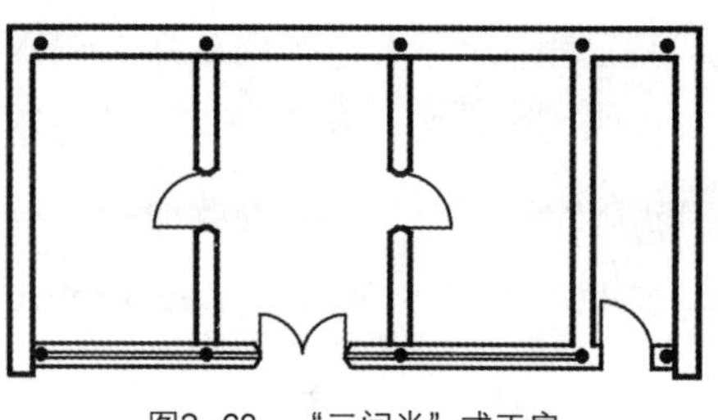

图3-62：“三间半”式正房

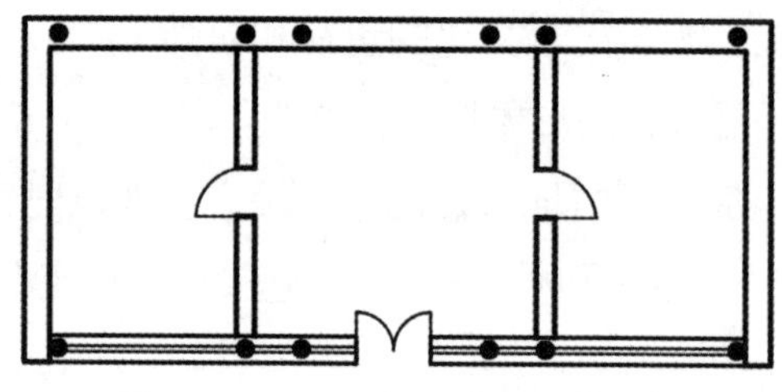

图3-63：“明三暗四开间五”式正房

三间与五间正房为主，根据调研测量结果，间的宽度范围大致在一丈（约合3.33米）到一丈二之间，其模数基本控制尺寸为三尺。也有个别殊异情况而灵活设置，却有规律可循，会出现三间半或是四变五的情况。三间半是在三间正房的一侧增加半间，一般用为储藏室（图3-62：“三间半”式正房）；而“明三暗四开间五”是指在四间房子的基础上在明间两侧各增加半间，外观形成划五间，内部空间分割实为三间，主要目的是为了增加作为正堂的明间的面积（图3-63：“明三暗四开间五”式正房）。而长度一般为6丈到10丈之间，其模数基本控制尺寸为单丈。如开阳堡的单进院落进深为6丈，浮图讲的朱家大院一进院落进深9丈，而牛大人村的周家大院达到可观的10丈，甚至远超一般的二进院落（图3-64：牛大人村周家大院）。综上，宅院基本以横向三尺、纵向一丈为模数衍生而成，村堡之划分以满足最小居住要求的单进宅院的基本面积为模数单位而作为基本单元，在实际过程中，村民往往根据自己的财力选地建宅，这样就形成了基本面积的模数倍数关系。

图3-64：牛大人村周家大院

2.街坊与“里坊制”

基于史料记载和现场踏勘，将提炼的村堡空间构成模型与里坊模式推想图像比较，可以看出两者具有极大的相似性。如开阳堡东部与中部街区被分为严整的四个坊形区域：东北区、东南区、西北区、西南区（图3-65：开阳堡东、中部居住组团）。堡中央十字街交叉处设乐楼，每个部分长与宽一致，分别为105米与110米，内部由东堡大街两侧有与之垂直的支巷

图3-65：开阳堡东、中部居住组团

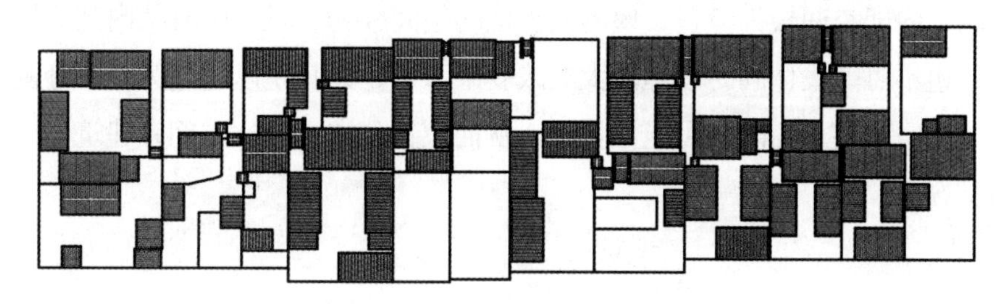

图3-66：东百家泉堡南区居住组团

将整个街区分成均等的几个居住组团，宅院则沿支巷呈行列式排列布置。每一块以各房屋、院墙围合而成，各块的内部大致相似，实则各个不同，每个方块内部巷道的设计安排极具具体性（图3-66：东百家泉堡南区居住组团；图3-67：南留庄西南区居住组团），如东百家泉堡内共有 70 多个合院，有一门一院、一门两院（图3-68：一门两院平面）、一门四院之分（图3-69：一门四院平面）。因此，这种纵横有序的街巷不可能是自发形成，应该是统一规划而成的。值得注意的是，每一区域在前半部分都为一进院落，后半部分则或多或少存在两进院落。虽然坊门保存下来的实例很少，但残存一些坊门的痕迹。有鉴于地表建筑周期性重修的问题，会受到各种自然、人为因素的影响而重修，但是囿于堡墙稳

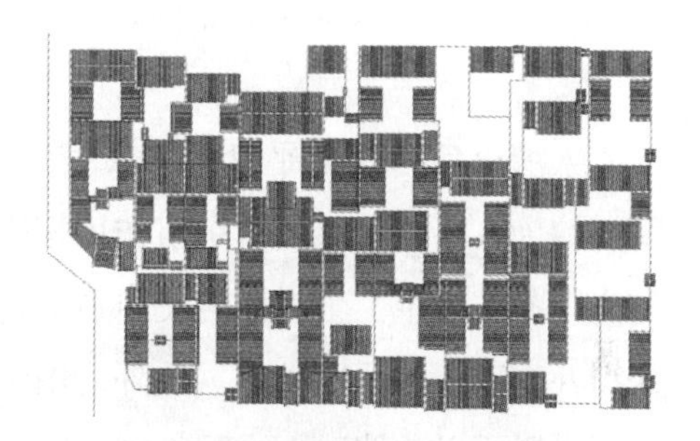

图3-67：南留庄西南区居住组团

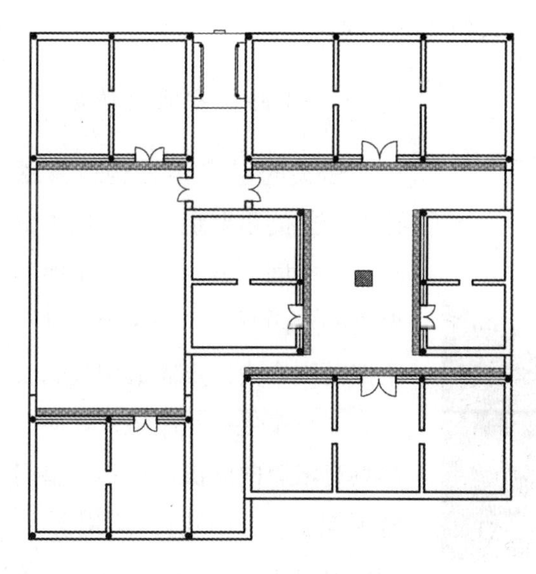

图3-68：一门两院平面

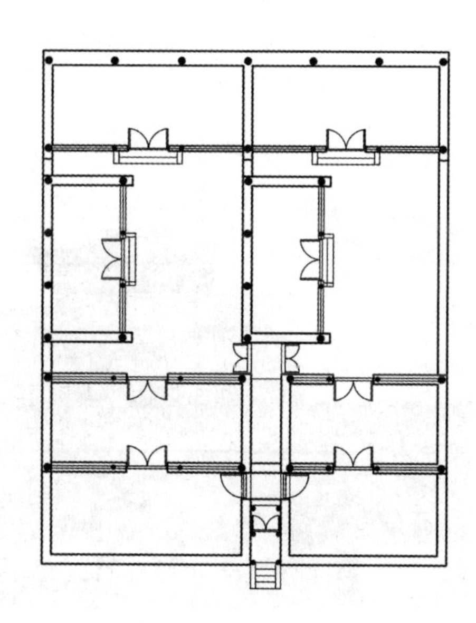

图3-69：一门四院平面

定性的限制，内部空间极为珍贵，堡内改扩建的空间极为有限。同时从内部家族、家庭关系考虑，也不可能集体同时发生较大的改变来考量，尤其是以巷道为界所分割出来的“里坊制”的空间关系的改变可能性极小，从而位置分布、整体空间等建筑要素基本完整地遗留至今。

第三节　乡村生活聚落

入清以后，战火平息、国家稳定，原明代北疆边镇开始重新整合，戍兵也由世袭军户编为农籍，军堡聚落军事作用相应减弱并向生活性功能转化，一些低级军堡直接转变为以务农为主、生活性的民居建筑为主体的乡村民居聚落；同时，原有村堡更是继续保持并丰富了生活性功能。此外，由于清朝前期社会经济的稳定发展与人口激增，更出现了大量不以“墙”围成的特定空间来作为村落的界限或标志的乡村原生性聚落形态。

一、军、民堡聚落的转化

这一时期聚落总体规模已经形成，宗教、娱乐、商业等生活内容成为居民们主要关注的方面，部分居民得以掌握较多的财富，并能够按照自己的意愿在堡内建造起质量较高、规模较大的住宅。规模不等、种类繁多的戏台和庙宇等公共空间构成开始分布于堡门内外，并与街巷、民宅组成聚落群，使得相对统一而单调的聚落变得丰富而多样，形成了戏台、寺庙与村堡有机结合的新聚落形式和文化景观。

（一）防御空间的转变

图3–70：北官堡堡门楼

厚实的堡墙作为构成聚落边界空间的重要组成，明确了聚落内外空间的分割，渲染了堡寨聚落的对内封闭安全氛围，是一个聚落围合内向形态最明确的表达。无论军堡还是民堡，其堡门都具有浓厚的防御性色彩。堡门楼下部多为正中开有砖砌拱形门洞的砖石墩台，上部一般设置

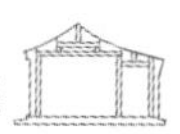

庙宇，如文昌阁、观音殿和关帝庙等，这种堡门、庙宇集中设置的方式，体现出城防建筑及宗教建筑的高度有机结合、气势宏伟，从而又成为村堡的象征性构筑物（图3-70：北官堡堡门楼；图3-71：宋家庄堡门楼）。至清代，堡门功能及象征意义开始发生转变，其重修的目的已经完全不是为了防御敌人，而是具有了装点门面的意义，从某种程度上讲，也是整体经济实力的体现（图3-72：卜北堡堡门楼）。

图3-71：宋家庄堡门楼

开阳堡在同治十年（1871年）曾重修堡门楼，我们透过为其作记的西宁儒学庠生王育的视角，可知村民对此的心态："耸然作于门台之上，以为后世壮其观。改故图新、功业宏焉，可以作当时之盛世，可以作万代之规模。待至工程告竣，名垂不朽，岂非千古流传之盛事哉"，从一个侧面记述了村民对于制造景观的考量和满意程度，显示出从功用性的防御变为景观性的炫耀，从注重生存意识蜕变为注重道德教化的生活方式和提高村落自身的"知名度"，从而使得聚落的静止空间形态在特定的历史情境中演绎出动态的社会嬗递（图3-73：开阳堡堡门楼正面形态；图3-74：开阳堡堡门楼侧面形态）。

图3-72：卜北堡堡门楼

（二）庙宇空间的丰富

原有军堡与民堡聚落的防御性体现，不仅仅在于实实在在的物质设施，更在于渲染心理设防的精神层面的防御构筑。从原来的以真武庙为中心的西北向南部的堡门口转

图3-73：开阳堡堡门楼正面形态

图3-74：开阳堡堡门楼侧面形态

图3-75：水东堡门口庙宇群

图3-76：开阳堡门口庙宇群

图3-77：史家堡堡门楼

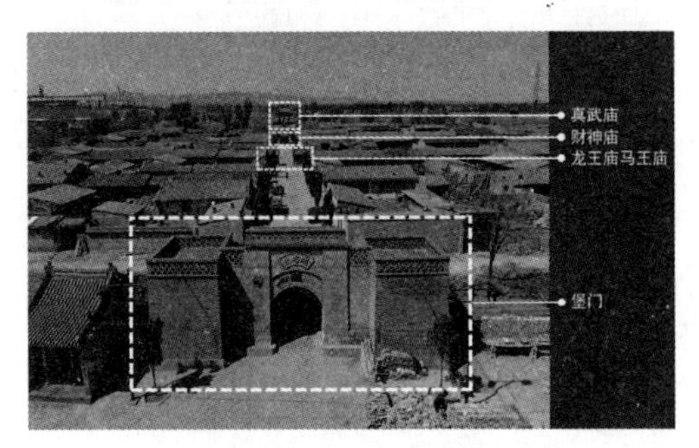

图3-78：北方城正街节点空间

移，演变为以戏楼为中心的庙宇群（图3-75：水东堡门口庙宇群；图3-76：开阳堡门口庙宇群）。入清以后，曾经困扰中原王朝的边塞问题不复出现，时人的心中转而将真武庙作为景观来看待，乡民们便开始用各种宗教和文化来提高和丰富他们的生活，南部堡门上多为魁星楼、文昌阁等庙宇，从而转向对文气文质的诉求和向往（图3-77：史家堡堡门楼）。民间庙宇繁多杂糅，祭祀不注重教义主张，更讲求办事的功用性。与此同时，正街沿途分布戏台、城门、庙宇等建筑后加的公共建筑。如北方城地形由南堡门向北渐次增高，一条南北向的主街道贯穿整个村堡，坐北朝南高峻壮观的真武庙建在正对北部高台上，在仅有200米的主街轴线上，沿途分布有堡门、龙王庙和马王庙、财神庙、真武庙4个空间节点（图3-78：北方城正街节点空间）。而上苏庄堡内南北向主街从北到南依次布置三座庙宇节点空间：堡墙北端墩台上的三义庙、中部十字街口北侧的老爷庙以及南部的灯山楼三个

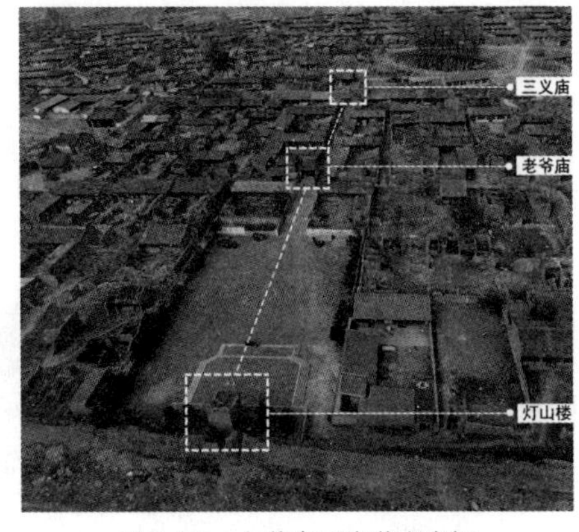

图3-79：上苏庄正街节点空间

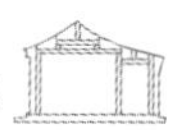

宗教空间节点（图3-79：上苏庄正街节点空间），形成一条完整的南北街道轴线。

图3-80：西古堡瓮城戏台

（三）戏场空间的创设

戏台大量修建的高潮出现在清乾隆年间及其后，其内在推动力在于农、商的快速发展以及对于酬神的依赖心理，几乎达到“村村有戏台”的程度，个别村堡的数量甚至达到三到四个，而这些戏台几乎毫无例外都依附于宗教建筑。戏台既为酬神而建，往往与庙宇相对而建。它们之间空间处理方式的灵活多变构成剧场形式与演剧空间的多样性。根据戏台与古堡或庙宇的组合方式来分。一是堡内戏台，包括建于堡内主要街道上和建于堡内寺庙之内两类。西古堡戏台则位于瓮城内，和众多庙宇结合在一起，酬神的用意不言而喻（图3-80：西古堡瓮城戏台）。宋家庄的穿心戏楼位于紧靠堡门北侧横跨主街而建，戏楼屋顶为单檐硬山卷棚勾连搭式，使其变得一波三折、极富变化（图3-81：宋家庄穿心戏楼）。堡内寺庙之内修建戏台，极为少见，目前仅存开阳堡一例（图3-82：开阳堡内泰山奶奶庙戏台）。二是堡门戏台，指建于堡门外与堡门直接相向、中间为过道的戏台建筑。此类情形比比皆是，堡内戏台或堡门戏台均正对庙宇，通过戏台和它们之间的通道来沟通天地，因而庙宇戏台通常是一种与庙宇密切相关、直接联系的祭祀性建筑，是庙宇主体建筑之一或其延伸（图3-83：卜北堡堡门戏台）。此外，戏台还当了影壁作用。三是堡外戏台，它指建于堡门外两侧或较近之地，并与其他庙宇等建筑形成一个空间的戏台，或许囿于堡墙的限制，只好走出堡门，选择在堡外扩建成为了唯一的选择。

图3-81：宋家庄穿心戏楼

图3-82：开阳堡内泰山奶奶庙戏台

二、自然聚落的原生

在中国传统社会中，原生性聚落呈或散或聚形态，相比起发展迅速的城镇村堡聚落，原生的乡村聚落的规模较小，单个村子规模不大，几十户到上百户不定。变化相对缓慢，从宏观层面来看，主要集中在村堡周围、山区沟谷和坝上高原地带。原生聚落受自然地理条件因素较为明显，人类生产、生活与周围环境的关系较为密切，并基于此形成建筑格局的因地制宜以及丰富多变的布局形态。按照自然地理特征，冀西北原生聚落形态大致可以分为高原散漫式组团型、山地条带式散列型和河川团簇式聚集型三种主要聚落类型。

（一）选址与空间布局

图3-83：卜北堡堡门戏台

河川区团簇式聚集型聚落选址以平川或平缓丘陵地带为主，平川地带的聚落一般以小团块状密集分布于大型村堡聚落周围，与中心聚落间的关联性也较为密切，道路系统明确清晰，街巷格网规整平直，聚落结构紧凑规则，反映出传统聚落营建的朴素规划意识，其中“负阴抱阳，背山面水”的风水理论是选址的主要依据，形成了以耕地、园地为主体的自然聚落。聚落边界虽然与堡寨的封闭形式相异，但领域界定并不模糊，整体线性街巷空间结构相对清晰完整，不同尺度规模的民居建筑在街巷之中排列组织；以广场和庙宇、古树为中心组合形成的点状交流空间。聚落空间体系由线性、点状和边界空间组合而成，基本呈现出较为均质的网络结构（图3-84：白家

图3-84：白家庄局部选址与空间布局

庄局部选址与空间布局）。

冀西北山区的条带式散列型聚落主要分布在永定河、潮白河以及山地狭小的区域，一般把自然地景作为聚落边界条件加以利用，包括“沟堑、坡坎、河流、山坳、环丘等具体线性和垂直阻隔作用的一部分或全部。”山区居民选择定居点时尤为重视依附于所在地域的地理环境，聚落选址极易受垂直高差影响，讲究与山体坡度、方位等自然要素的结合，多选择于坡度不大的向阳坡地或半坡台地，并傍河流或交通要道的一侧或两侧呈带状延伸展开。整体空间布局呈现出或依山傍势，或沿路伸展，或沿沟谷排列的自由式特征，建筑布局多平行于等高线走向。内部道路结构多崎岖蜿蜒，布局结构及朝向亦相对自由，山脚沟谷地带则辟为农田，聚落边缘轮廓基本无定型，可根据环境用地任意生长发展，渗透出对自然生成性和自发性、自组织性等原则的依从，形成与自然环境良好互动的环境氛围。如建于太行山沟谷中的向阳坡地上的圣佛堂村，聚落整体顺应山形水势，住宅沿街毗连，院落主次分明，道路收放变化，呈现出远近高低错落的丰富空间层次。怀来县幽州村则以平行于过境水系的曲线形道路作为聚落空间的主轴，院落沿石头铺就的主街两侧就地势而分布，许多宅间小路、次要道路均为尽端式，并且道路宽窄、高差随时变化。冀西北窑洞基本建在沟壑土塬边缘的黄土地区，地势形态迂回曲折、高低变化，院落布局亦跟随地形层次跌落，形成了结构松散、质朴浑厚的窑洞聚居形态（图3-85：幽州村选址与空间布局）。

高原散漫式状组团型聚落形态主要集中在坝上地区，形成大的聚居区域，平旷的高原地貌是形成集中型村落的自然基础。因为农牧生产的结合，聚落内部所需土地规模较大，以便能够容纳必需的房舍圈棚和柴草围栏。聚落完全开放自由，没有任何防御围护设施，讲究和外部自然相通，导致的一个结果就是聚落道路呈现放射性路网分布，并形成多处交点公共空间。由于土地资源丰富，聚落布局分散，一般用地范围不甚规范，聚落既无成形街巷，又无像样道路，道路之间相交更是随机分岔，民居院落不拘南北定向。以坝上后沟村为例，就村落个体而言，房舍布局相对分散，街巷路网难成规则，但就

图3-85：幽州村选址与空间布局

图3-86：坝上后沟选址与空间布局

地域空间的分布来说，却集中于沟谷之中（图3-86：坝上后沟选址与空间布局）。

（二）聚落空间组织模式

河川区团簇式聚集型聚落多以向心式布置，受环境条件限制较小并带有极强的自发性，但聚落功能组织方式在历史发展过程中逐渐形成了明显的空间构图模式，体现了家族的封闭性和“天人合一”的风水观。向心式是一种中心式的集中构图，有明确而主要的结构中心，多为拜神敬天的寺庙建筑，占有绝对地位的公共建筑统领整个村落的功能组织，民居建筑以全方向体形式强调了功能布局的跟随性与围合性，当这种向心性和围合性同时存在时，村落的结构中心也往往成为历史事件发生的重要场所和集体记忆的焦点，逐渐形成稳定的村落形态（图3-87：向心式聚落空间）。

图3-87：向心式聚落空间

轴线式隐含着“过程”和“路线”思维的线性构图，一般具有一条明确的主要轴线，或为主要道路，或为河流，因此，主轴线会随着河流或地势的走势发生转折与扭曲，轴线上大多会布置村落中最为重要的公共建筑。民居组团多平行于交通要道和水系形成了丰富自由的平面肌理，但由于此类村落选址地理形势特殊，村落发展受到山体阻隔，多从道路节点或桥梁处向两侧蔓延呈带状平面发展。通过主要道路联系众多次要坡道来组织结构，呈现“总—分”的鱼骨状路网结构态势。一般主要道路会随地形走势平行等高线而设，次要道路会采取垂直或斜交于主要道路的方式布置，呈之字形上升状分布，构建了一套融于地形环境的道路系统（图3-88：轴线式聚落空间）。

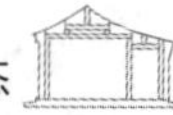

组团式是自然聚集而形成的聚落最为常见的功能组织方式。由面域大小相近、功能组成类似的多个组团按一定规律排列。组团式形态的空间秩序性不如向心式和轴线式强烈，内部各个组团受地理环境影响也会出现方向性的变化，但由于组团之间的形态近似性以及相互关联性，使组团式的组织方式体现出不断衍生发展的动态过程，经过不断发展扩张整体表现为团状平面。聚落中的活动场所、路径交通、合院空间及宅院面域等要素共同形成完整的堡寨聚落形态体系，以及多层次的空间系统（图3-89：组团式聚落空间）。

图3-88：轴线式聚落空间

图3-89：组团式聚落空间

（三）聚居环境空间特征

原生聚落较为注重与自然生态环境的友好协调关系，同时也是原生地域社会文化变迁的物质载体，较为讲究其环境空间的整体性、复合性、意象性和环境归属性，从而给予人们多层次的空间体验与感受。

1.环境的整体性

原生聚落的整体性首先取决于自身空间布局、建筑尺度以及营造风格的易被感知性，同时又保持与所处环境的融合与协调，形成人居聚落与自然环境差异而模糊、矛盾而又统一的关系存在。尤其是山区原生聚落与周围的河川环境正是追求这样一种对比中求和谐的图—底关系。虽然聚落显现出契入环境的聚居性质的整体感，很容易成为环境中的焦点，并随着观察角度、距离的不同而呈现多层次的动态变化，但由于聚落顺应地形、尺度宜人，材料质感、色彩系统与环境相似，表现出聚落本身对环境空间的服从、认同和同构性，从而呈现出整体上的协调一致，同时整体感又因为动态的泉水、溪流获得了对比意义上的强化。

2.空间的复合性

聚落特定的自然地理空间与人文历史、生活习俗、行为心理的记忆相互叠加，并包涵多种行为模式而不可避免地成为一种复合性空间。例如巷道网络空间作为私有空间和公共空间之间、居住空间和聚落空间之间的一个存在，不仅有交通的功能，还兼有广场空间和生活空间的功能，是一个不明确的空间领域，而且在聚落的演化过程中成为生长轴而逐渐铺陈开去，许多当前的节点空间随着时间的推移又向交通空间转化，宅院入口作为民居内外的交通枢纽空间又在丰富街巷空间立面的同时，特定时间下又成为居民们交流、休憩的场所。同时空间形态背后又隐含着人文历史、民俗风情、风水避忌等深层文化观念符号和对理想生存状态的追求，多意的复合特征使之具有了一种可阅读的“地域本土化”倾向。

3.形态的有机性

原生聚落形态的有机特征主要指向空间意义上的结构层次、有序性、非连续的同时呈现。从原生发展过程来看，个体建筑的有序生长形成的次序性极强的多重院落或组群，具有明确的向心性、封闭性和秩序性以及主从关系与等级差别。但随着现实土地空间逐步挤占而导致限制条件的扩大化，自由生长的有机形态成为聚落整体空间布局的唯一选择，虽然失去了“原型”阶段方正规整的秩序感，但扩展成为线、簇、群状的差异化形态。另一方面从动态秩序分析，曲折迂回的自由形态分散了线型空间的透视深度，使人感受到不断变化的聚落图景和生活意境。正是这种有序与无序的重叠并置，聚落空间在微妙的有机平衡中体现出感受的矛盾性与丰富性，形成人与自然质朴和谐的人地关系。

4.场所的归属性

聚落场所是由特定自然环境、特定社会的人以及特定的建筑空间通过相互间的积极作用产生的整体。其本质在于“定居”并找到自身的存在意义，明确指向聚落空间定位和社会特征确认两个方面。聚落空间定位是指通过人工物质空间塑造与自然环境发生关系，形成特定的可识别的聚落实体环境，领域感与场所精神的确立形成归属性和凝聚力，如蔚县上苏庄堡在堡门左右用石块和黄土各垒砌了毛笔头和砚台模样的建筑物，其较强的可识别性就强化了环境认同感以及景观意向特征。而村民们对知识崇尚的潜意识表达则指向场所精神，从而比有形实体具有更广泛和更深刻的内涵，因为它直接指向人类社会特征的确认。

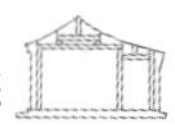

第四节　城镇商业聚落

一、城镇商业聚落的发展形态

明代防御性的城堡聚落虽然应军事设防需要而规划，但其空间形态也基于清代边疆形势的和平而演变，随着商业化进程与经济的稳定发展，与商业有关的构建要素也随之出现，部分聚落逐渐发展为以商业功能为主的城镇聚落。其中一类是由乡村集贸发展而形成的集镇，商业贸易分散在聚落的主要街道两侧形成线性分布，最终向集镇发展，如暖泉堡、代王城等八大集镇。另一类是基于“堡—城”模式发展而成的城镇商业聚落，商业贸易是该聚落的主要甚至是全部功能，由于经济发达而兼具行政功能，最终向城市发展，如张家口堡。

二、城镇商业聚落的构建要素

市街作为市集街道，主要指交易场所分设在聚落主要街道的两边，各类店铺沿街道形成线性分布（图3-90：蔚州城市街；图3-91：来远堡市街）。市街一般都位于该聚落的原有宽直平整、直通堡门的主街道，呈一字形或十字形，市街两侧商铺云集。除了交通便利，四通八达外，还具有商品交易，车马停留、人流集散的商业特点。店铺作为传统商业的限定性建筑空间，是传统经营者与购买者实行商品交易的固定场所，冀西北商业聚落中的传统店铺在经营项目上较为单一。如经营米面的称为“米行”，经营绸缎布匹的称为“绸缎庄”，

图3-90：蔚州城市街

图3-91：来远堡市街

图3-92：龙关县义生和商行

经营汇兑业务的则称为“票号”。而且在传统的商业聚落里，大多数民居与店铺融为一体。从建筑形式上，店铺可以说是民居合院建筑的衍生或变异体，其中“前店后居”是将自己居住部分安置在远离市街的位置，而将店铺置于居住部分和市集街道两者之间，商居交织。院落朝向一般垂直于市集街巷走向，而不局限于民居建筑“正房”的朝南向。在空间安排上，还有一种建筑形式是“下店上居”，将店铺置于楼下，居住部分置于店铺之上，形成楼阁式建筑（图3-92：龙关县义生和商行）。

三、城镇商业区域——张家口堡（军—商）

张家口堡因军而起、因商而盛，随着外来人口增多，堡内空间有限，居民逐渐向周边扩展，依附城堡，形成了东关和南关两个“新”的聚居区，并发展出延续至今的商业名街“武城街”。堡内以金融商业功能为主，主街道两侧店铺林立，主要经营面食、布匹、粮油、杂货等，东关主要是车马大店聚集的区域，是当时的物流集散中心，南关是该镇主要的居住区，街道格局比较规整（图 3-93：张家口堡内街景）。由于历史遗存、经济推动、行政占领相互叠加，张家口堡商业空间传达出多层次的信息，空间也因为包含多种行为模式而成为一种复合空间或模糊空间。如巷道空间不仅具有原有军事交通的功能，还兼有商业空间和生活空间的功能，是一个不明确的空间领域。巷道就好像是无数生长轴，村落生活就沿着这些街巷交错的网络铺陈开去。这些意义经由时间向度的叠加、沉淀依附在张家口堡空间环境的构架之上。空间环境给人一种矛盾的感受，空间内在的有序无序、理性与感性、封闭与开敞、连续与非连续、简洁与奢华的同时呈现，让人感受到丰富而含混的暗示。但随着拓扑同构层次的增加，限制条件的复杂，在聚落或建筑表面逐渐发展成为一种自由生长的有机形态，失去

图3-93：张家口堡内街景

图3-94：民国时期张家口城市整体空间环境

了“原型”阶段传统规整的秩序感，扩展成为包含着感知的连续性与诱惑力的动态无序（图 3-94：民国时期张家口城市整体空间环境）。

四、城镇商业市街——蔚县暖泉（民一商）

暖泉是古代重要的区域交通枢纽和经济中心。清代，地处交通要道的暖泉镇南来粮棉布茶，北易牛羊驼马，商业十分发达，形成了以沿市街商业贸易为主的城镇商业聚落。暖泉镇的核心是“河滩”广场，设有草市、米粮等集中性质的集贸市场，并与商业街市和住宅呈现出环绕交错的网络空间形态。“河滩”上建有逢源池和暖泉书院、沤麻池，以它们为中心，四周以建筑围合，北面分布着龙王庙，南面分布着瘟神庙、奶奶庙、财神庙及戏台，西面分布着商铺和酒店（图3-95：暖泉义成德客栈），东面则是华严寺。构成了以“河滩”为中心的集市活动空间，居民可在此进行洗涤、聚会、祭祀、看戏、交易。形成了高度内聚、富有生机的公共生活空间。暖泉西古堡、中小堡北侧有一条东西向的街道称为“西市”，西市街宽七八米，并有巷道连接南侧西古堡的北瓮城。在“西市”东头又分出两条街道分别称为“上街”和“下街”，二街的东尽头皆与“河滩”广场相连。西市、上街、下街与河滩的草市街和米粮市共同形成古镇的露天商业集市，整体呈西边狭

图3-95：暖泉义成德客栈

长、东边宽敞的三角形布局（图3-96：暖泉街市图）。宗教对暖泉镇商业空间的形成更是有着重要影响力，涉及儒释道三家及地方性民间信仰，有效刺激了祭祀、社火、唱戏活动过程中的商贸活动，不仅增强了商业空间的可识别性与空间体验的深度和强度，而且形成了一种心理上的向心性和凝聚力，直接昭示出充满生机与活力的古镇商业空间。

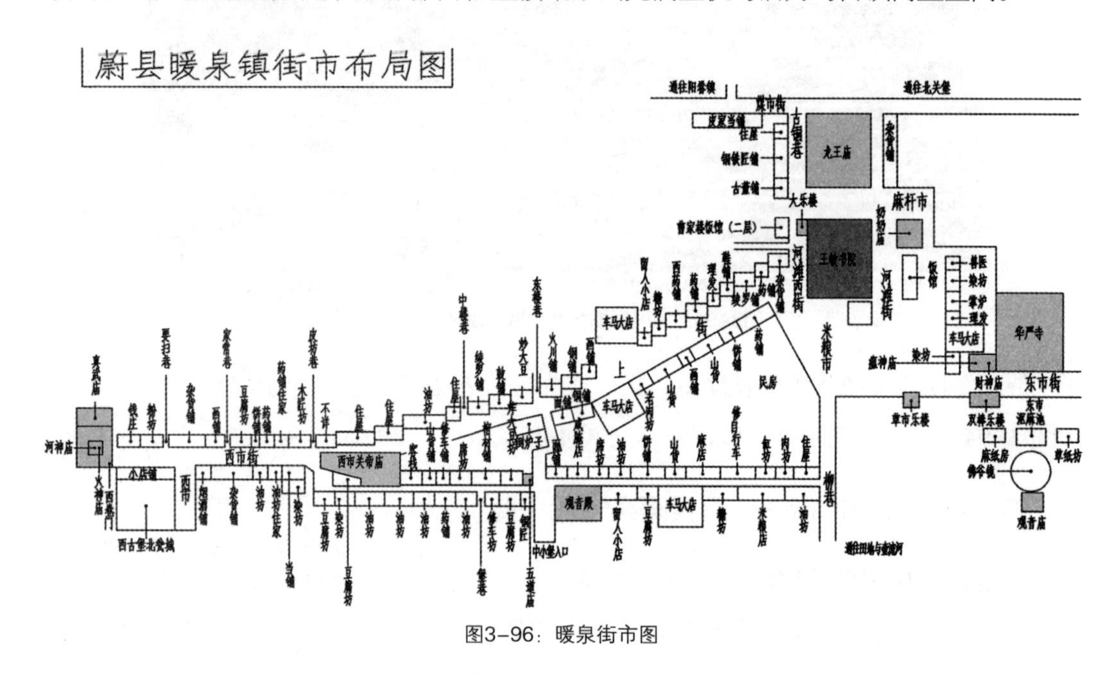

图3-96：暖泉街市图

第五节　坝上移民聚落

在清代以前，坝上地区一直为北方游牧民族统治区域。随着清代国家大一统局面的形成，长城不再是游牧民族和农业民族的天然分界线，大规模的移民从关内（居庸关）口里（张家口以南）去往塞外开荒垦植，为坝上地区乡村聚落的形成和发展提供了物质基础和客观条件。坝上地区的聚落和坝下略有不同，鲜有军事防御守备功能，不求地势险要，一切以生存为首要前提。坝上地区所处的地理位置及“蒙古族本土文化”与“汉族外来文化”的碰撞，使得民族、人口和文化迁徙与融合极具复杂性与典型性，并在一定程度上影响了聚落环境的形成与发展。

一、游牧民族聚落演化

无论金国统治者驻地的一望平原旷野，间有居民数十家，星罗棋布，纷揉错杂，不成伦次，更无城郭里巷，率皆背阴向阳，便于牧放，自在散居（《宣和奉使金国行

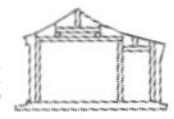

程录》），还是清代高士奇看到的“大约塞外山川，远者数十里，近者十余里，互相绵亘，两山断处，谓之一沟。每沟所住蒙古，不过三两家，恐碍放牧也”（《松亭行记》）。总之，游牧民族生产生活的最基本单位是家庭，并没有形成汉族那样的大型家族。游牧群体的整体结构松散、随机，并受草原生态的限制——草地的质量、数量和水资源的分布是决定联合规模大小的重要条件，如蒙古帝国以前，为了应对经常性的战争而产生的大规模“古延列”式的内聚性很强的群集游牧，但放牧时仍采用相对分散的阿寅勒形式。2～3户是阿寅勒式游牧联合，20～30户基本上是大游牧群体，这种“家庭—阿寅勒—古列延”的社会结构因违反草原生态规律，很快就时消失了。因而，“蒙人生涯，端资牲畜，孳养生息应须广泛之地域，聚族而居，实与其生业不能相容，故村落之集团，多不过二三十户，少或二三户，远隔数里，或十余里”（民国《内蒙古纪要》）。坝上民居以适合逐水草而居的游牧生产方式的穹庐毡帐——蒙古包为主，可以满足其易拆迁和快速搭建的需求。

二、聚落选址与规模

从聚落的类型上讲，大部分聚落都属于游移式的离散型聚落。相对于汉族建筑在有明显界线的地域范围内充满了均质物质的建筑单体，坝上民居则具有独特性，选址时多在背靠山丘、正面开阔、临近水源的“负阴抱阳”之处，住所的朝向与门窗的开启皆背风朝阳。这仅是适应气候的表现。民族村内的建筑与居住格局，有着非常鲜明的蒙古族特色。为了解决大量牲畜的饮水问题，依湖而居（蒙古族称为海子、淖尔）是蒙古族人择址的基本准则，如张北县的三台蒙古营村择址于河北最大的内陆湖——安固里淖尔旁。而尚义县察汗淖尔村（又称五台蒙古营）所依凭的湖泊是察汗淖尔，当地人俗称五台海子。一个较大的海子周遭甚至布置有七八个村落，但无论是蒙族聚居还是汉族移民聚居，坝上聚落一般规模较小，据《察哈尔通志》卷五《村窑户口》记载，民国时期仅张北一县就有1000余个村庄，但单个村庄则平均100人不到。从空间格局到建筑风格多以外来的建筑习俗为主，其公共环境的营造仍充斥着对本民族信仰、习俗的秉承

图3-97：三台蒙古营聚落

精神。从而可以看出，坝上聚落的形制遗留着蒙汉交相融合的印记（图3-97：三台蒙古营聚落）。

三、聚落外部空间形态

坝上地区的村落讲究与大自然的高度融合，其外部形态多由黄黏生土建筑的墙面构成，因地制宜与有序错落是形成独特立体空间的基本手法，形成了自然与人工、宽敞与狭窄、公共与私密急剧转换的空间序列。在这里人畜与聚落就像从大地“生长”出来，从属于自然环境并息息相通，继而形成一个基本和谐的聚居社会，自然、社会浑然一体。虽然从表面上来看，村落的空间形态似乎缺少统一规划，完全以拓展生存需要空间为主要建筑方式，但其形制的内核依然体现了服从于生活内容和注重公共交往的要求，不同的空间形态与各种生活场景结合在一起（图3-98：坝上聚落街道节点）。鉴于生土建筑材料及其技术的制约，空间的垂直尺度十分有限，但是这种有限的空间尺度正是在长期生活实践中形成的最佳选择，生土建筑的静态体验作为内部功能表达了其自然需要的尺度，也是构成建筑体量和一定社会秩序的极限，强化对于当地地形风貌的空间结合，强调有效地利用地貌等自然和条件（图3-99：后沟村落空间形态）。民居按照人的意愿发展调适，既合于规范又不失率真，苍茫静穆的审美价值内含于主体的形式中，以一种特有的文化表达向自然宣示人类的集体抵抗的生存意识。

图3-98：坝上聚落街道节点

图3-99：后沟村落空间形态

四、聚落空间格局

坝上聚落民居布局与口内汉族聚落存在明显迥异，每户之间间隔距离不等，不讲究集中布置毗邻而居，分散居住而成散落的不规则格局，一般两三户形成一个不明显的居住组团，尤其是衍生出的新家庭并不符合汉族家族以祠堂为核心的聚居模式，一般建立在距离主体聚落较远的地方。坝上聚落内部空间以自然生态衍化为主，其建筑及其道路的生成与扭结，保持着较为原始的聚落典型范式。注重道路交叉口、方向的变换处或

村中空地的中心意识，并与主干道连通而形成空间节点。而大多数汉族移民群体聚居的村落布局则效仿了祖籍地的规划模式和手法，只是由于土地资源充足，每户院落较为广阔，面积通常可以达到一两亩以上（图3-100：坝上民居院落）。农牧复合生产是聚落空间功能的核心，由此产生的农牧组织模式对村落空间结构的形成有重要的影响。通常情况下，农田的空间框架划分的横平竖直规则格网和草场模糊性多路径自由网格共同存在向村落内部空间线性延续的力量，自由和秩序在这种村庄空间模式中得到很好融合。农田引入村庄内部，在整体格网化空间结构上则表现出较为严格的规则性，村落空间的道路结构也表现出与之相似的一致性或者正交性；村庄的空间纹理则由于草场道路走向的多变而表现出各自的特异性，自由和规则在这种村庄空间模式中得到很好融合，结果使街道空间结构组织同时具备统一性和突变异质性，形成了充实饱满、丰富多样的有机统一的景观意象（图3-101：坝上东叠不齐村聚落生产景观）。

图3-100：坝上民居院落

图3-101：坝上东叠不齐村聚落生产景观

第六节　近代聚落的主流形态

近代冀西北聚落的主流形态依旧可以划分为城镇聚落和乡村聚落两种形态。近代坝下的乡村聚落由于地处乡野，受国内主流政治、经济的影响较小，仍然保持着与传统农耕文明相联系的小农意识形态主导下的民居体系构成，绝大部分建筑仍然延续着清代早中期所形成的民居构建形式，这一时期冀西北民居的基本形式按地理区域划分为坝上土坯建筑区，河川砖木建筑区和山地窑洞、石木建筑区三个区域。零星乡村的民居通过西化建筑立面，打破建筑形式，融入西方建筑装饰语言，呈现中西合璧的建筑形态，并没有摆脱传统的技术体系和空间格局（图3-102：零星西化的民居大门）。近代的坝下冀西北城镇聚落，相较于明朝军事聚落、清朝商业聚落的嬗变，聚落发展虽然表现出迟滞状态。但是这一时期，却出现了以中西合璧建筑形式为主流意识形态的城镇聚落，其中张家口堡就是典型代表，以民居院落为母本，立足于传统建筑体系，而又融汇西方建筑思想，近代匠师们采用新的建筑材料、掌握新的结构方法，通过对建筑构件、建筑立面和大门立面进行改造革新，体现了近代城镇聚落中西合璧的主流发展形态。成为城镇发展的先锋和思想交融的结晶，也是传统向现代转型时期所孕育的特殊产物（图3-103：堡子里洋行建筑）。

图3-102：零星西化的民居大门

图3-103：堡子里洋行建筑

第四章

冀西北地区传统民居的空间形态与分析

民居的组织原则视“民居”本体为一种稳定结构，而这一原则即是类型。类型学所强调的是不能再进行简化的原型，原型作为类型学的基本概念之一，尝试追求的是用同一种语汇描述不同的建筑层次。原型即类型的最基本的构成模式，即最根本的空间层次，在作为建筑的营建方法时，指导人们对建筑的空间形态进行最基本的分类与划分。基于传统民居来说，“类型”甚至直接指向一种约定俗成的乡土营造规律，只不过不为后人所熟知，而需要进行对传统民居特征的解读。解读过程即类型提炼的过程，通过对现实中纷繁复杂的民居空间形态进行抽象和简化，最终还原民居的形态，从而形成一种自上而下的对建筑空间形态进行分解分析的过程。再者，传统民居组合方式的构成机制形成某种稳定的结构关系并表现为一种模式，一种隐含在表面形式背后的具有普遍意义的“空间—社会”结构模式的组织关系，而不是某些个别的民居特例所呈现出来的“显形”特征。通过“基本类型”解读民居的空间形态、结构模式与自然地理条件、民俗文化因素的互动关系，强调的是一种自下而上的对建筑空间形态进行综合考量的过程。其中，民居空间形态最直接被人们所感知，平面布局是先决条件，然后引入竖向垂直界面因素，最终完成三度空间的研究。

第一节　单体民居构成形态

一、构成单位——“间”与“架”

单体建筑是构成民居的基本建筑类型，并指向上下两级，下一级是作为传统建筑构造体系和度量单位的“间”和“架”。“间”“架”表示的开间多少与进深大小共同决定了单体建筑空间的规模。而上一级是传统民居的院落单元类型，涉及单体建筑数量与围合模式。

（一）“间”的水平组合

“间”具有单体建筑平面线性尺度的“开间”之意，用以表示相邻两柱之间的水平面阔尺寸。传统建筑以“间”为单位的沿面阔方向组合构成了单体建筑的平面。封建社会中单体建筑间数和架数设有严格的等级控制制度，限制庶民百姓在房屋建造和居住方面的规格。明代的《舆服制》和清代的《大清律例》规定庶民庐舍厅房皆不过三间。冀西北明清时代的民居建筑间架形制多为三开间，就是这种定制的反映。然而，在现实调研测绘中，部分民居往往又不拘泥于此，逾制的状况时有存在，在三开间的基础上两侧各附设一间面宽、进深、屋高一致的耳房的五开间成为了主流形式，而一般情况下的耳房则和主房有着明确的区别。

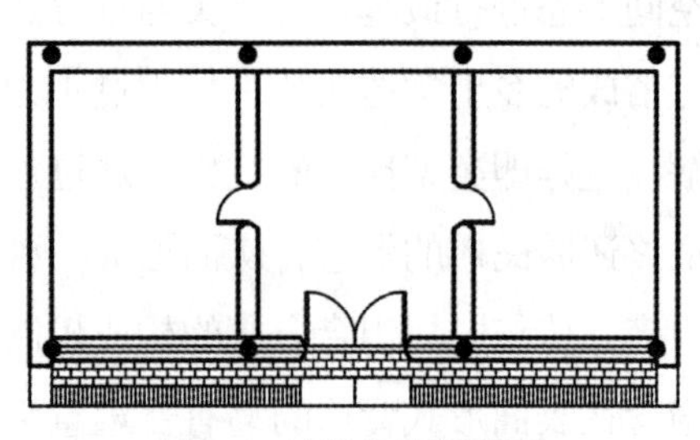

图4-1：南留庄1号院平面

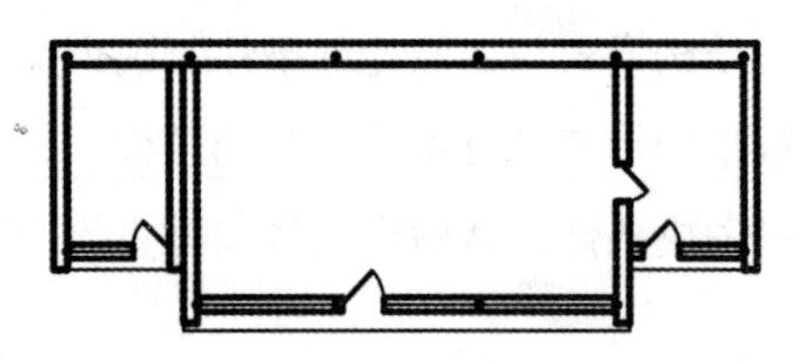

图4-2：大德庄康家宅院正房平面

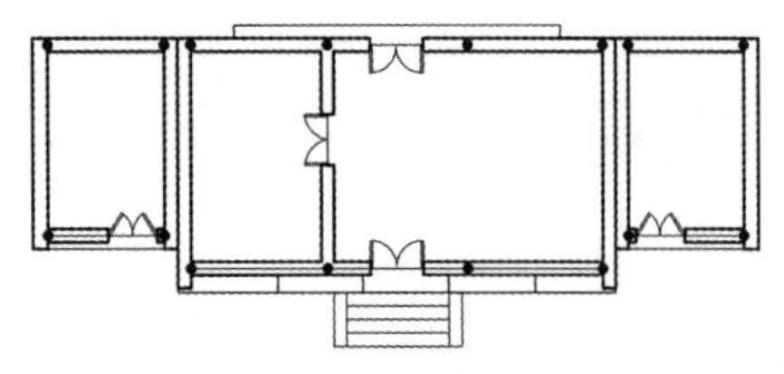

图4-3：圣佛堂民居单体平面

三开间的平面类型如不计耳房在内，按照内部空间组合方式大致可以分为四类：第一，当心间开房门，两侧次间设槛窗，内部开间均有隔墙或暖阁，俗称“一明两暗”或“一堂二屋”，此平面类型在冀西北民居单体建筑中运用得最为广泛（图4-1：南留庄1号院平面）；第二，三开间室内贯通无隔断为通间，如蔚县大德庄康家宅院正房（图4-2：大德庄康家宅院正房平面）；第二，三开间中有两开间贯通，在燕北或太行山区较为常见，一般将火炕和南

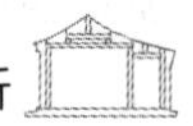

向窗户呈垂直方向布置（图4-3：圣佛堂民居单体平面）；第三，明间后退一步架距离，当地俗称“缩廊”，两端尽间向前突出，平面呈凹字形，次间在明间后退产生的新墙位置处设置门或窗（图4-4：上苏庄民宅单体平面）；第四，前出檐廊者，如蔚县水东堡正房的廊柱与墙檐柱间距为1米左右（图4-5：水东堡民居单体平面）。但是由于宅基地划分问题与木料的限制，也有不少殊异情况而灵活设置，出现了“明三暗四开间五”“三间半”的等三开间的变体类型。其中“三间半”是在三间主房的内部一侧增加半间或是重新划分，一般用为储藏室（图4-6：“三间半”式；图4-7：狼窝闫家宅院正房平面）。而“明三暗四开间五”是指在四间宅基的基础上，在明间两侧各增加半间，外观与内部空间分割形成三间，但柱网设置所形成开间则为五间，从而增加了作为正堂的当心间的实用面积（图4-8：“明三暗四开间五”式）。

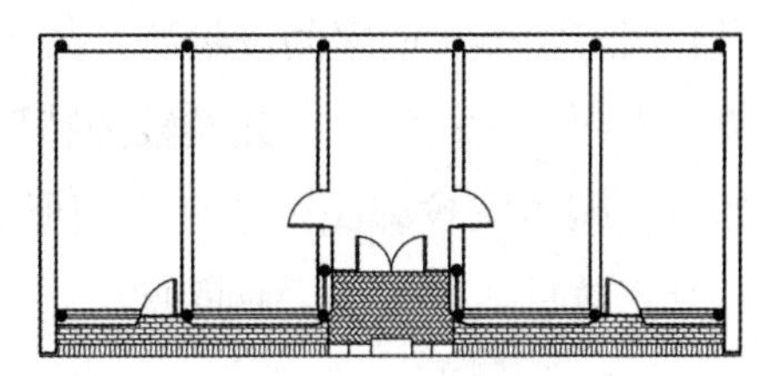

图4-4：上苏庄民宅单体平面

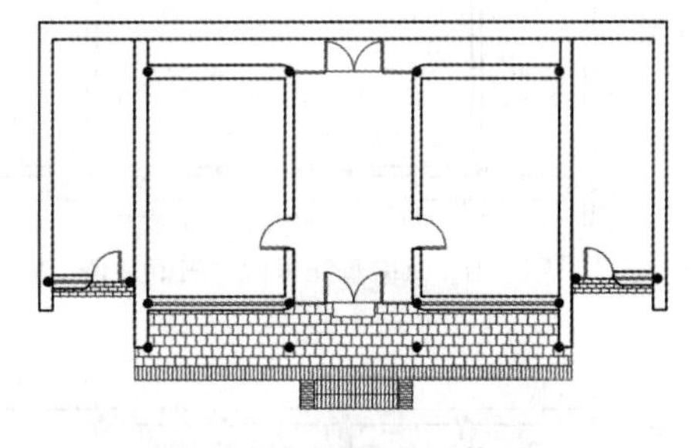

图4-5：水东堡民居单体平面

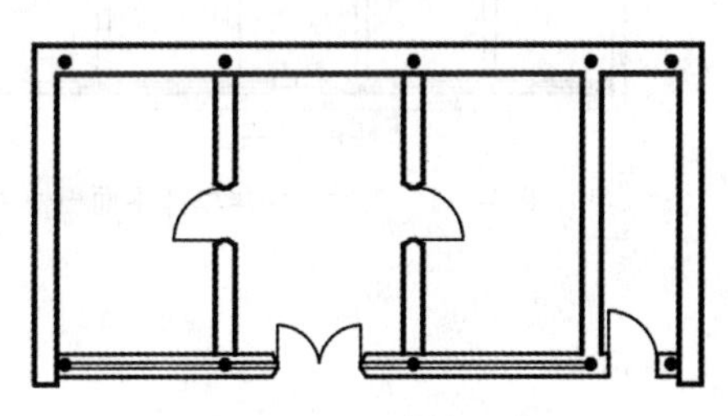

图4-6：“三间半”式

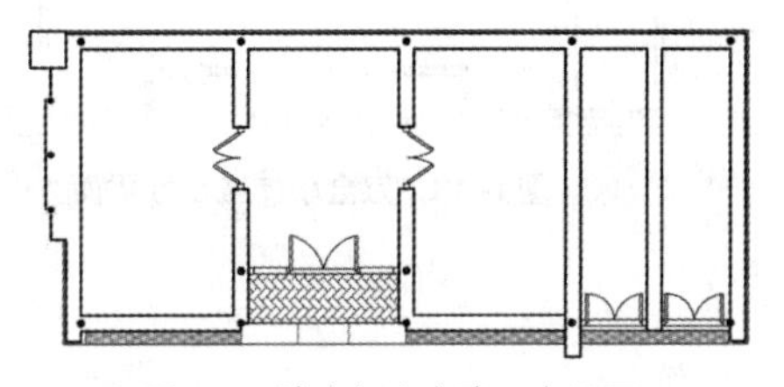

图4-7：狼窝闫家宅院正房平面

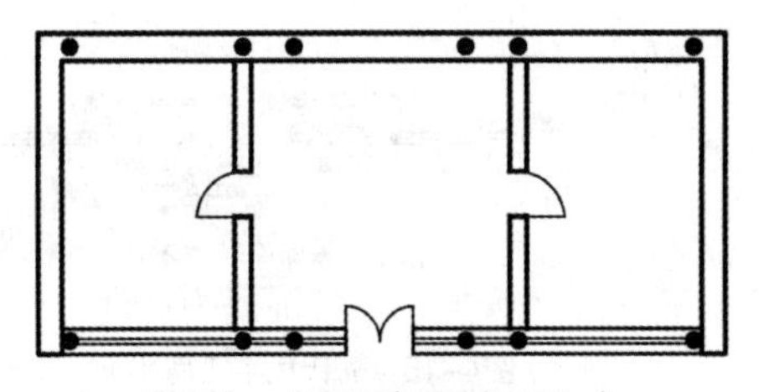

图4-8：“明三暗四开间五”式

五开间平面类型较三开间更为丰富：其一，当心间设门，左右次间开槛窗，明间与次间不设隔断，两尽间独立设置门窗，次间与尽间中有隔墙，由于明间、次间及尽间进深和高度均一致，也称为“五间三所”（图4-9：永宁寨65号院“五间三所”式）；其二，当心间与两侧次间之间设隔断，其余与前者一致（图4-10：水西堡民居单体平面）；其三，建筑仅当心间开门，室内按间数设置隔断并用门洞连通（图4-11：圣佛堂民居单体平面一）；其四，明间与次间后退而前设檐廊，形成“三明两暗”的格局（图4-12：泥泉堡“三明两暗”式；图4-13：万全小砖城正厅平面）；其五，当心间与两侧次间之间设隔断，其余次间与尽间之间不再分隔（图4-14：圣佛堂民居单体平面二）；其六，此类较为特殊，明堂前接建月台，月台上建八柱歇山顶戏楼，如下花园孟家坟郭氏民宅和龙门所的董总兵府邸（图4-15：郭氏民宅正房平面；图4-16：董总兵府邸正厅平面）。

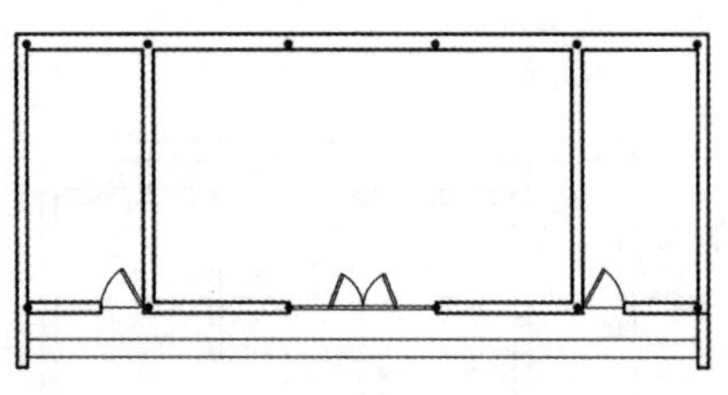
图4-9：永宁寨65号院“五间三所”式

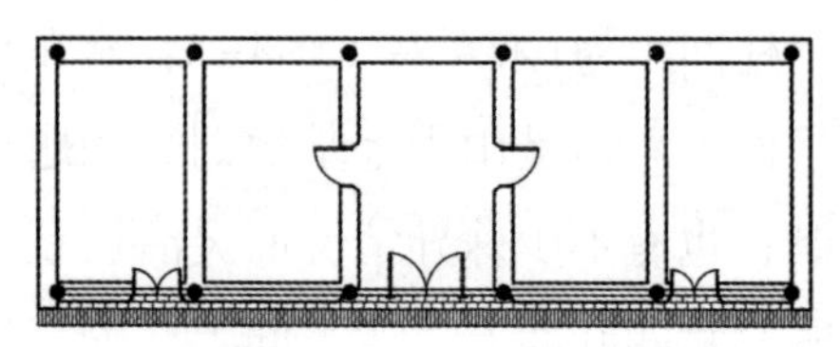
图4-10：水西堡民居单体平面

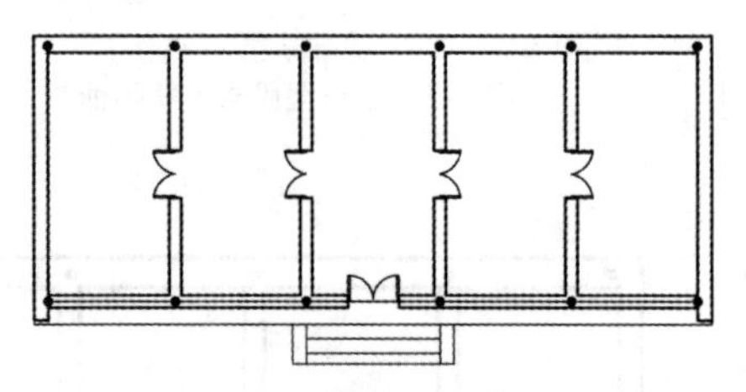
图4-11：圣佛堂民居单体平面一

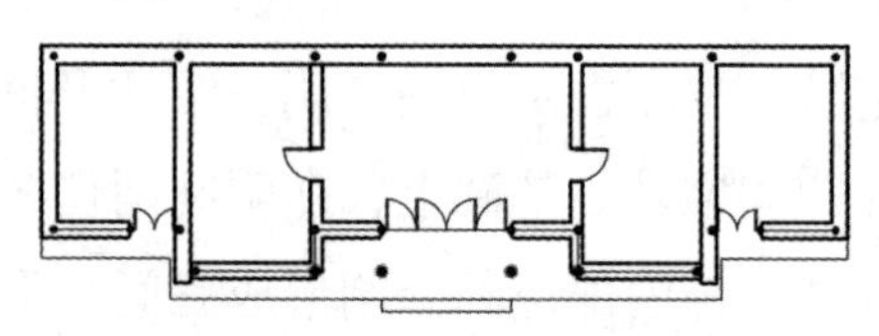
图4-12：泥泉堡“三明两暗”式

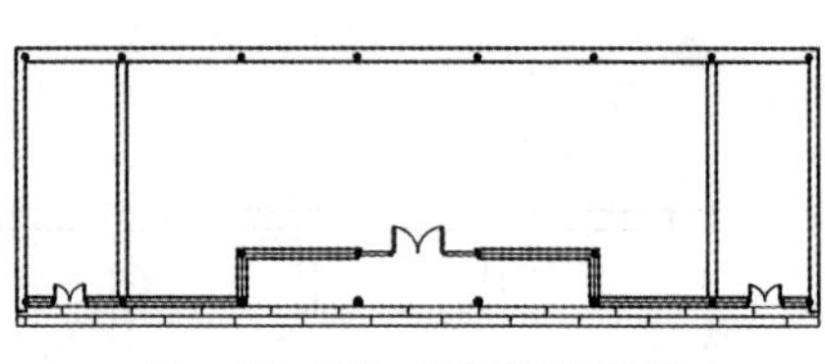
图4-13：万全小砖城正厅平面

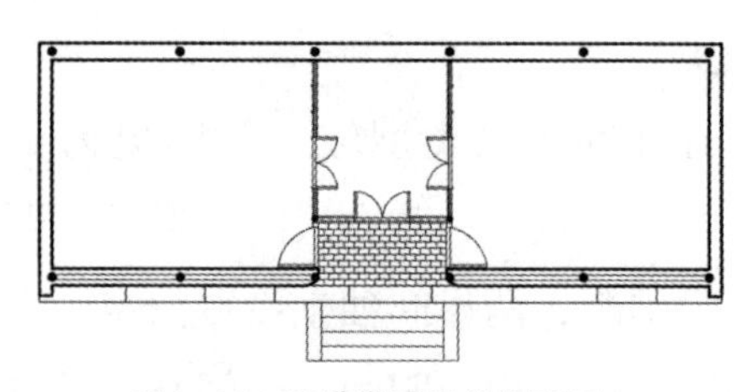
图4-14：圣佛堂民居单体平面二

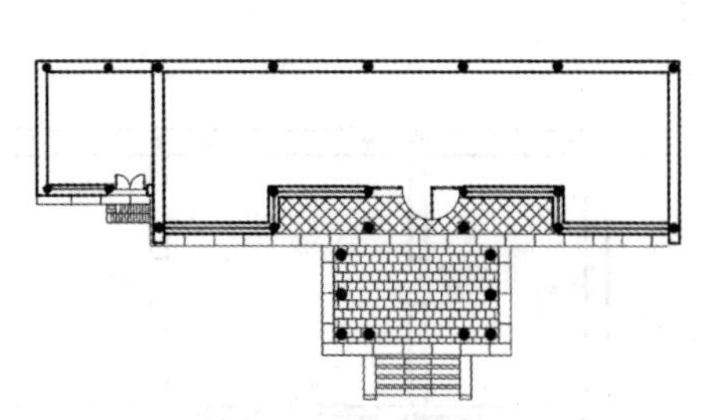
图4-15：郭氏民宅正房平面

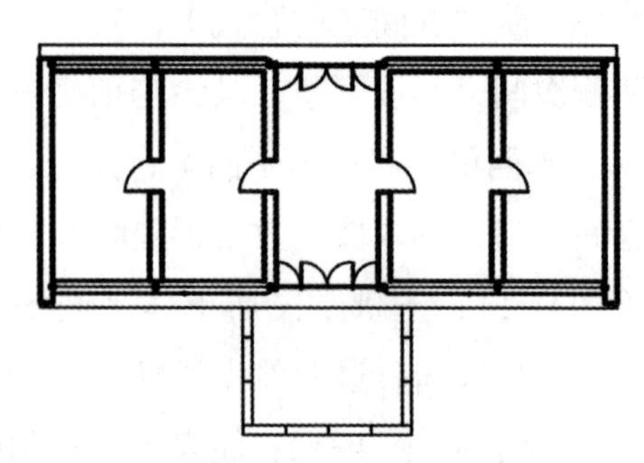
图4-16：董总兵府邸正厅平面

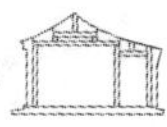

如果计入耳房，不少民居的正房间数更是达到七间或九间（图4-17：渡口堡殷家大院平面；图4-18：怀安城于家大院正房平面；图4-19：土木堡院落主房组合平面），同时也存在有偶数开间（图4-20：怀安城和平大院正房平面；图4-21：洗马林民居单体平面）。个中原因大致有三：其一，囿于朝廷行政控制的覆盖能力的薄弱或者得到当局的某种默许和纵容，宅主家境富有、财力充盈而增建；其二，民居正房和厢房两侧或一侧常设置耳房，反映出封建礼制束缚下，民间对于建筑等级制度的巧妙应对；其三，明代的军堡在和平时期转向民堡，堡内的镇守衙门或军营失去军事意义后，从公共建筑转变为民居，因而并不受庶民百姓的居所等级限制，如怀安西洋河任家大院正房达到七开间，除两侧尽间外，都设檐廊（图4-22：西洋河任家大院正房平面），但此类型极为少见。

总而言之，冀西北地区"间"的平面组合类型丰富，碹窑虽然结构形态较为特殊，但"间"的排列方式却与传统木构建筑并无本质区别，三间、五间均为常见形式，耳房多为一二开间，耳房的适宜退让也使"间"的空间组合更为多样化（图4-23：枳儿岭窑洞平面）。

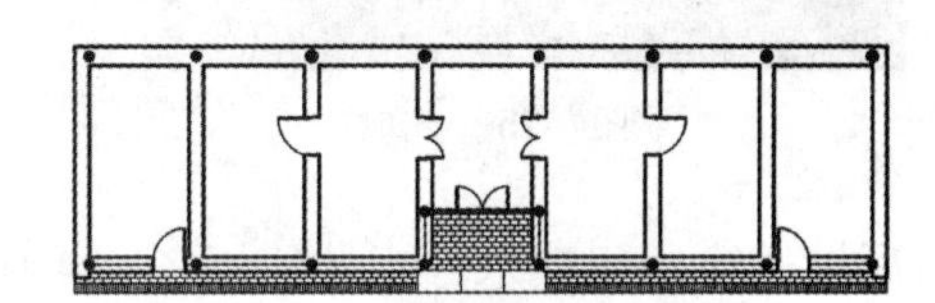

图4-17：渡口堡殷家大院平面

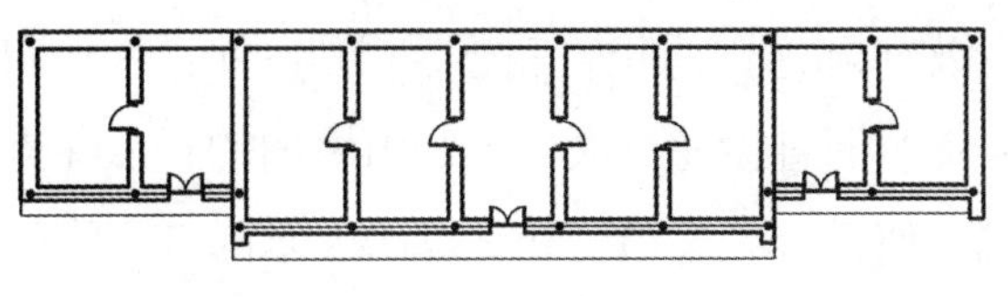

图4-18：怀安城于家大院正房平面

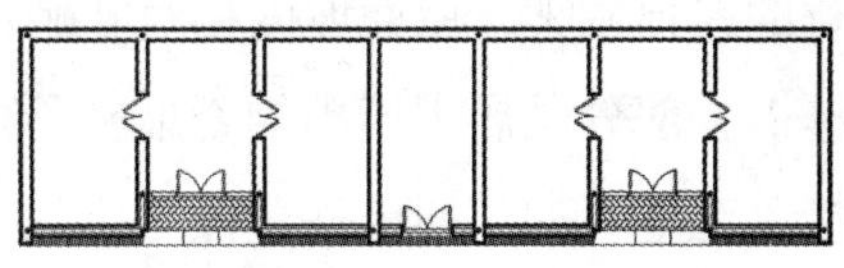

图4-19：土木堡院落主房组合平面

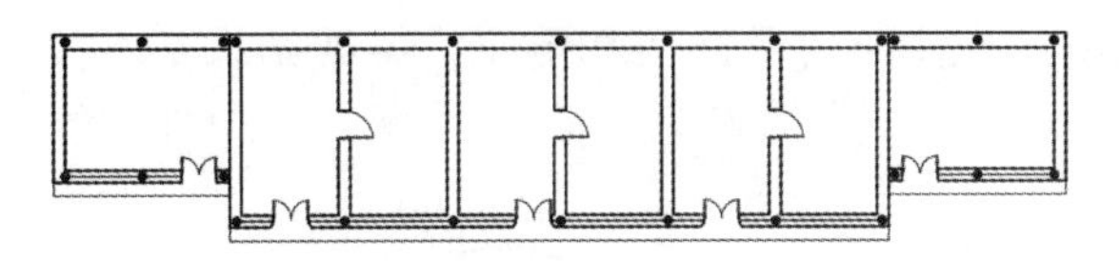

图4-20：怀安城和平大院正房平面

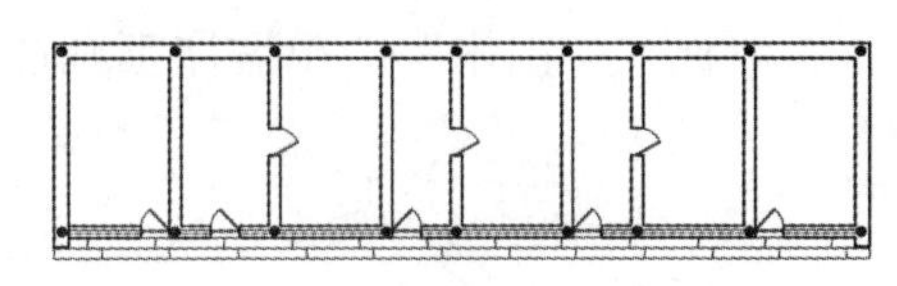

图4-21：洗马林民居单体平面

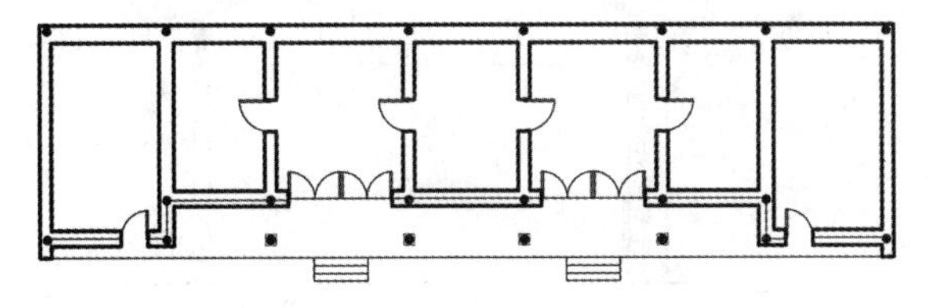

图4-22：西洋河任家大院正房平面

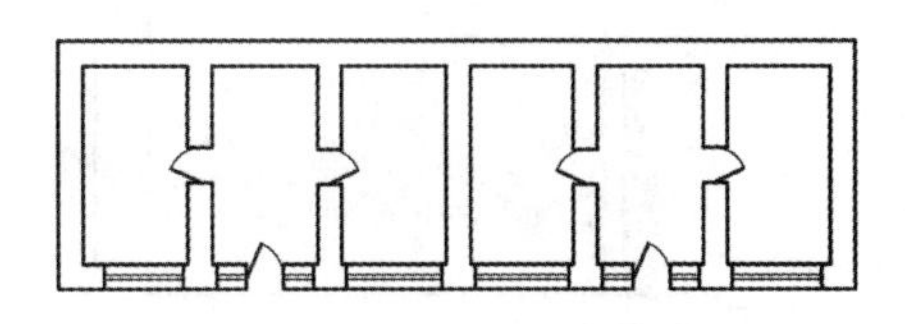

图4-23：枳儿岭窑洞平面

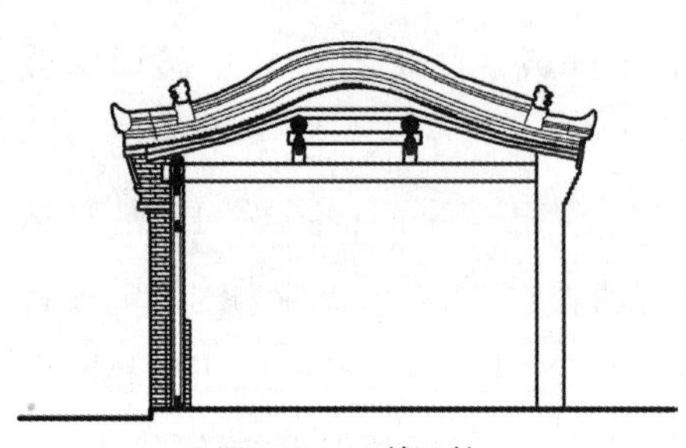

图4-24：四檩三挂

图4-25：一丈椽

（二）“架”的垂直构成

“架”指屋架上承檩木的总数量，用以表示单体建筑进深的长度。并可以从中获取木构单体建筑的屋面坡度、房屋高低等基本信息。从宏观上来看，除了碹窑、囤顶土房外，各地砖木、土木类民居基本以抬梁式或穿斗式为主要构架类型，冀西北民居并不囿于官式建筑，部分民居可见变异式的构架类型。

冀西北民居梁架结构多为“四檩三挂”，即屋架上的四根檩条，前后坡各置两根，形成三个步架的进深空间，称为“三挂”，又称“三挂椽”，此梁架多应用于平缓的卷棚式屋顶（图4-24：四檩三挂）。少数硬山屋顶房屋也采用，如溪源支家大院的二进院正厅，屋顶后坡减少一组檩木，粗壮的椽条直接由脊檩搭接后檐檩，长度达到3.25米，称之为“一丈椽”（图4-25：一丈椽），多数前坡长而后坡短的两出水硬山屋顶基本采用上述手法。而硬山屋顶则全部采用“五檩四挂”，除因屋顶当中多设一根脊檩而变为带正脊的屋顶构架，屋面坡度相对陡峭，其等级也会高于“四檩三挂”（图4-26：五檩四挂），部分民居山墙中的脊瓜柱不由二梁支撑而直接通至大梁上，山墙内的脊瓜柱直接落至地下的“通天柱”做法类似穿斗式，使得对大梁粗度和长度的要求降低，降低了备料难度，而“六檩五挂”构架一般用于富贵人家大宅之中的带廊正厅或正房（图4-27：六檩五挂）。

俗称“一出水”的单坡屋顶则被广泛地应用于院落厢房和倒座，梁架结构基本按

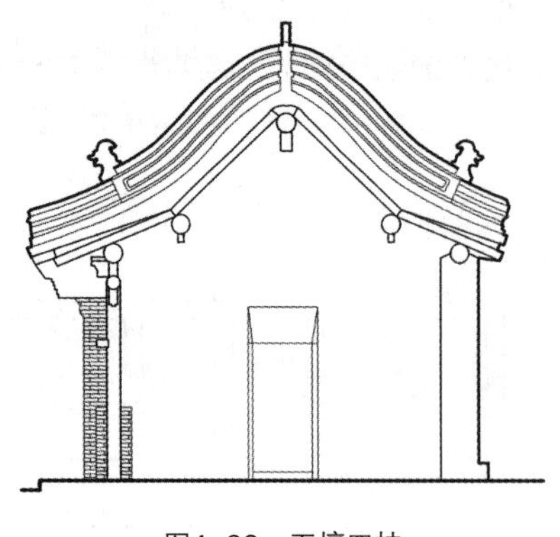

图4-26：五檩四挂

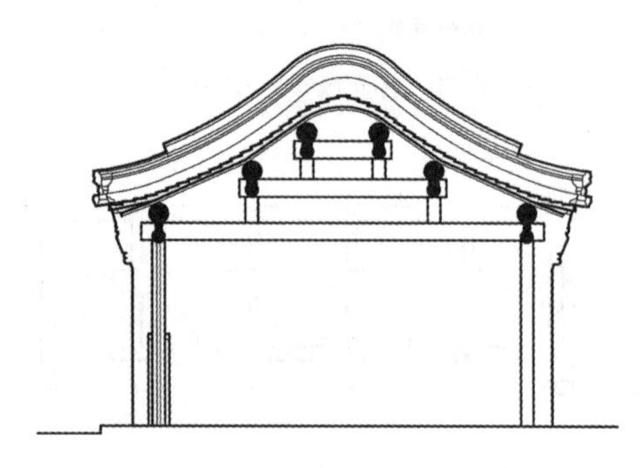

图4-27：六檩五挂

照标准抬梁式的一半进行架构，大柁梁的一端支撑于檐柱之上，另一端则和插入后檐墙中的承重柱搭接，或直接搭于后檐墙。梁上以瓜柱支撑檩条，梁、檩的数量依据具体情况而定（图4-28：一出水梁架）。一出水和双坡顶相比的优势在于同等进深的条件下可以明显加大后檐墙的垂直高度，尤其对于临街的厢房或临巷的倒座，防御功能不言而喻，如蔚县暖泉苍竹轩正对大门的东厢房后檐墙高度为5.7米，同时也着眼于门脸、门面的角度考虑（图4-29：苍竹轩剖面）；上宫村临街的郭家大院厢房由于地基较高，后檐墙达6.5米以上（图4-30：郭家大院厢房后檐墙）；而阳原浮图讲村北的朱家大院正房也采用单坡屋顶，其高约6.1米的紧贴北堡墙的后檐墙，更是有效满足了屋面排水

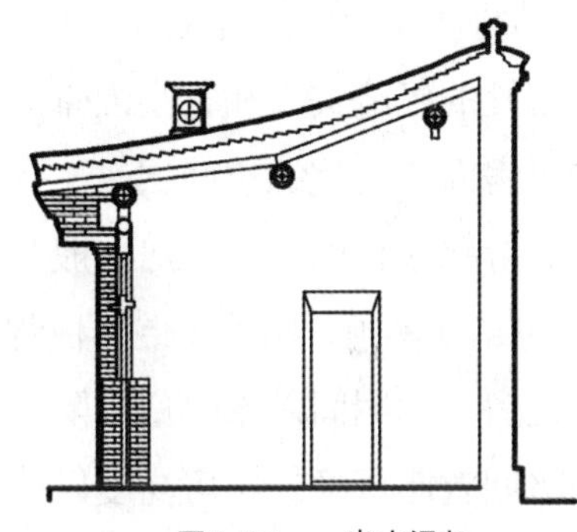

图4-28：一出水梁架

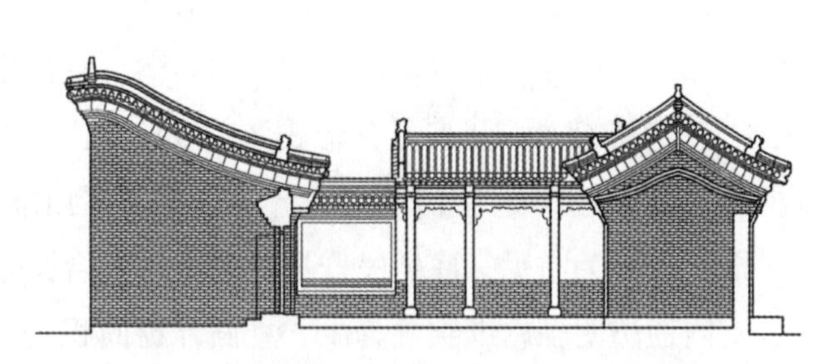
图4-29：苍竹轩剖面

的便捷性（图4-31：浮图讲朱家大院）。而碹窑窑顶为覆土构造，基本不涉及木质梁架，只在窑口前搭接一步架的瓦木披檐，披檐架步距约为1米，若为“下窑上房”，二层的砖木构房基本均为三步架，计入前廊最多不过四步架。

二、民居空间构成要素

民居空间主要由正房（厅）、厢房、耳房、倒座房、大门及院墙等建筑单体要素构成，合院民居多有一些约定俗成的形制与建造特征。

（一）正房

正房作为宅院中的主体建筑，多为家族长辈或宅主用房，往往占据最好的位置和朝向。

图4-30：郭家大院厢房后檐墙

图4-31：浮图讲朱家大院

在冀西北地区，一般以中心轴线和北端上位意识来控制并主导整个院落，成为整个家庭甚至家族向心力和凝聚力的象征。正房的开间、进深、高程，以及用材、装修标准皆为全宅最高标准。冀西北地区正房开间以“一明两暗”的三开间或“三间两耳”的五开间形式较为常见（图4-32：一明两暗；图4-33：三间两耳）。正房常为单层，层高根据不同区域特征和建造材料略有不同，以河川地区的砖木结构房屋为最，山区的土木、石木结构房屋其次，而坝上的土坯房屋最矮，此外也受百姓的经济实力和气候因素的影响。部分正房前有设置檐廊或缩廊的习俗，从而增加正房面向庭院的空间层次（图4-34：正房缩廊）。正房屋顶形式多以双坡硬山式为主，等级较低的院落正房一般是卷棚、一出水的形式。由于冀西北干旱少雨，屋顶排水量少，平屋顶、囤顶（俗称梳背顶）形式也较为常见。底层民众居住的土木混合民宅，正房立面明间以木隔扇分隔为多，室内通透明亮；以实墙为主、立面开窗面积较小的暗间敦厚沉稳。正房高度以檐

图4-32：一明两暗

图4-33：三间两耳

图4-34：正房缩廊

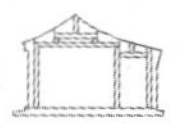

前为标准，一般不超过一丈二尺高，开间宽度为3.2～4.1米，进深一般为5～6米，正房结构以抬梁式木构架为主。碹窑面阔也常为三开间或五开间，屋顶为平顶，有时窑前加建防雨功能的木构架披檐廊，出挑方式有当心间出挑和当心间、次间一起出挑两种方式。大多数传统民居院落中，正房的规格一般都以最后一进院落为最高，如西古堡的东楼房院共有四进院落，除了第一、第二进院落用“二门”连接外，正房（厅）共计有三处，从开间到高度，以及屋顶形式都是以最后一进院落的等级为最高。

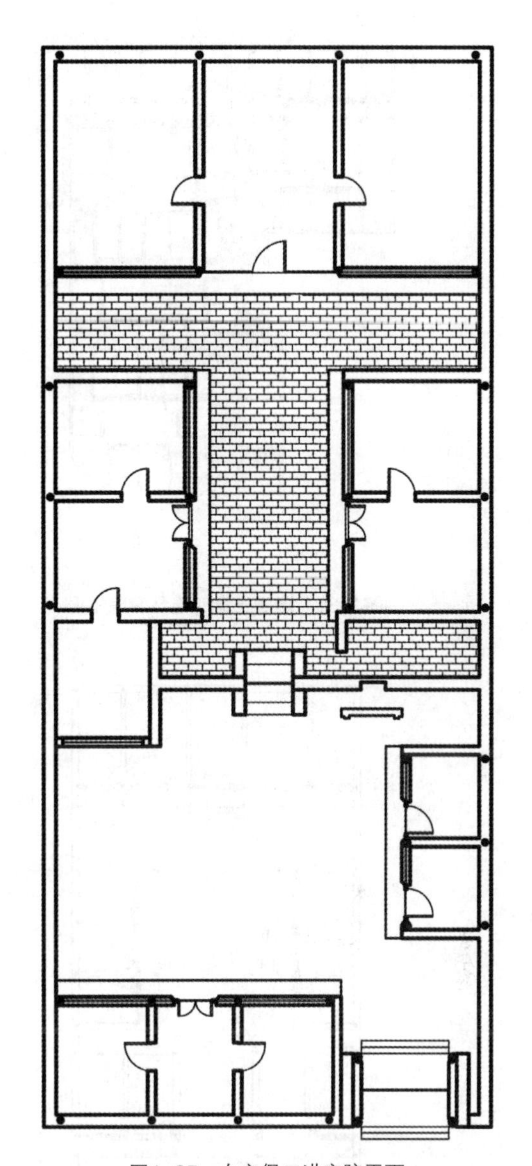

图4-35：白宁堡二进宅院平面

（二）厢房

厢房一般位于宅院正房（厅）前面两侧，多成对设置并以宅院主轴相向布置，厢房地基、屋面高度均低于主体建筑。主院厢房或为儿孙后辈寝室，或为伙房。厢房开间和进深相对较小，其中进深一般只有3～3.9米，所以厢房大多采用“一出水”的单坡屋顶，并分有脊和无脊两种，个别院落中的厢房屋顶也采用硬山、卷棚双坡形式。厢房的房门均向庭院开启，厢房的间数不像正房那样讲究，多依据实际情况灵活处理，三开间为主流形式，单院的厢房一般不超过六间，进深较短的单院则仅能布置一两个开间，如白宁堡某宅院里外院落的厢房都为两开间（图4-35：白宁堡二进宅院平面），而溪源支家大院的一进院落的厢房只有一个开间（图4-36：溪源支家四连环套院平面）。在狭长的多进宅院中，也会以两组三开间的立面出现，以中部横置的二门进行空间分割，里外院各设置三间，三间在里院，三间在外院（图4-37：堡子里鼓楼东街4号院平面）。而龙门所明代总兵董继舒府邸的前两进院落由于不设置正房或正厅，每侧连续布置有十一开间，是在冀西北地区目前所见到的最多厢房开间数（图4-38：龙门所董总兵府邸平面），等级较高的一些宅院，厢房也附设前廊。

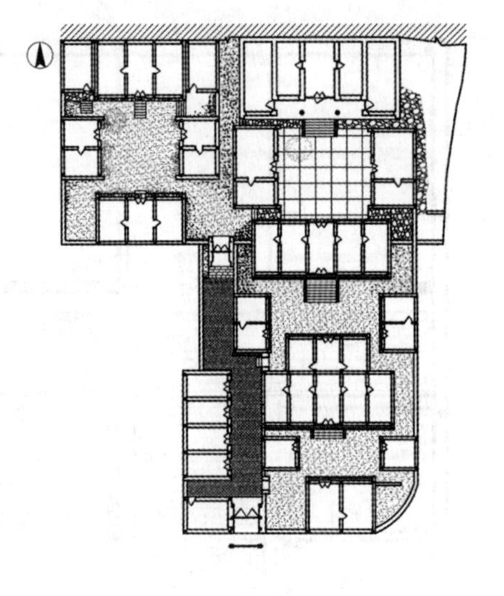

图4-36：溪源支家四连环套院平面

厢房内部分隔基本相对灵活，可以根据具体功用要求设置，比如三开间厢房在屋内隔为两间，即当心间与某一次间合并，另一次间独立分隔并设通向明间的门洞，当地俗称“外三里二”。院落外院厢房具体的功能划分多根据居住在家庭或家族的人口多少而定，除了生活起居以外，基本具有强烈的传统农业社会的农耕生产生活意识，多为搁置农业生产用具的杂物间及煤炭、粮食的储物间。厢房屋脊的高度一般处于低于正房屋脊而高于正房屋檐之间，但也存在特例，西古堡苍竹轩无论是

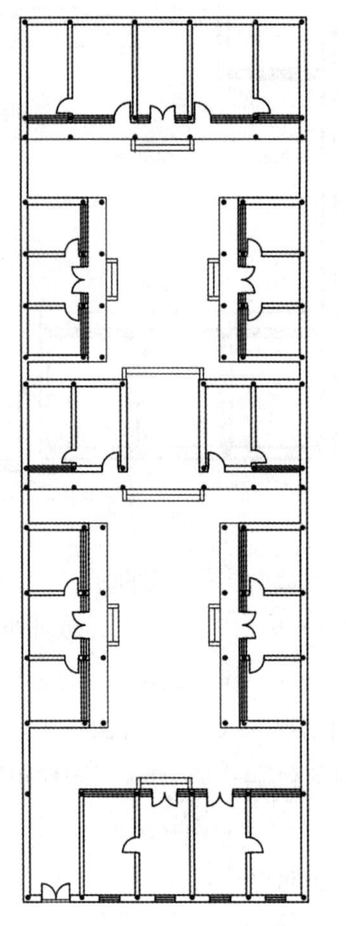

图4-37：堡子里鼓楼东街4号院平面

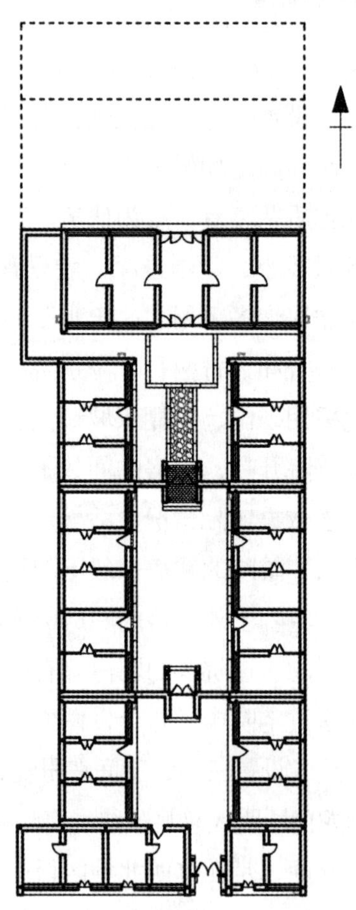

图4-38：龙门所董总兵府邸平面

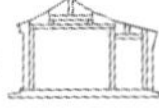

从屋脊梁高度还是从门窗装饰来看，并不以北边的卷棚顶正房为尊，而是以东厢房的形制为最高，而且是宅院内唯一带檐廊的房屋（图4-39：苍竹轩剖面）。

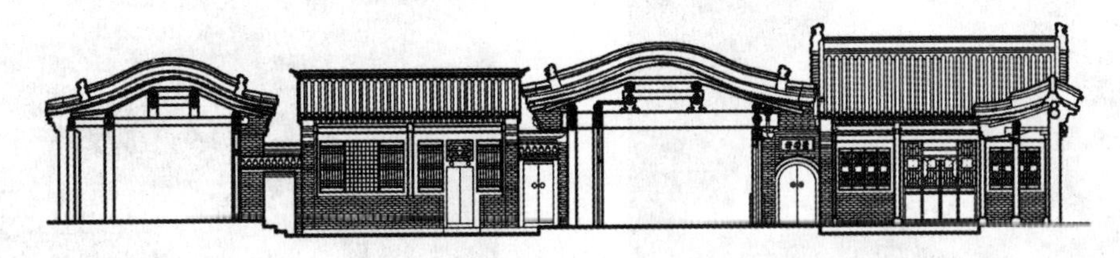

图4-39：苍竹轩剖面

（三）倒座房

图4-40：上宫村郭家大院倒座

通常所说的倒座房在冀西北地区俗称“南房”，倒座房和北部正房（厅）相向而立，厕所一般占据倒座的最左侧开间。在整个宅院建筑空间等级序列中的“地位”较低，无论是高度、规制还是用材都稍显劣势，但就建筑装饰来说却并不显得简略或是被轻视，个中原因不外乎其作为正房及人们视线的对景所在，甚至能和正房（厅）相媲美（图4-40：上宫村郭家大院倒座）。倒座临街的后檐墙立面以“实”墙为主，一般不开窗或开小高窗，显得高大冷峻、封闭漠视。除了以保证院落内部的静谧与安全，防御意识体现的极为充分。普通民宅的倒座多为单层，由于倒座相对背阴而不利于采光，鲜见设置檐廊的案例。而商贾大院则常见两层的倒座，甚至设置有对外开窗并设置檐廊的绣楼（图4-41：孟家坟郭家宅院绣楼）。部分贫苦家庭的土坯倒座房多作为储物间或饲养牲口的卷棚来使用，而富贵

图4-41：孟家坟郭家宅院绣楼

图4-42：任家涧王家宅院天井空间

图4-43：过厅

人家的深宅大院则更多为下人、长工或客人的居住空间，极个别单进院落还将倒座中间开间当作起居室来使用。

（四）耳房

耳房位于正房、厢房甚至倒座房的两侧，分别称为正耳房、厢耳房、倒座耳房，开间、进深及高度一般都小于主房。冀西北民居院落中均有建造耳房的习俗，耳房开间一般为一间或两间，常用作主人书房或起居。或许耳房与“庶民庐舍，不过三间五架”之规定存在一定关联。如在三间主房的两侧各建耳房，室内既可连通又能独立分隔，既能满足使用者的需求，又不僭越等级的限制，可兼收二者之功。耳房屋顶形式多样，既有双坡硬山卷棚顶，也有单坡“一出水”样式。由于正耳房进深小于正房，在其前端形成了一个小的天井空间，起到了丰富院落空间层次的作用（图4-42：任家涧王家宅院天井空间）。甚至有些院落会有用墙体分隔开主院与小天井，并独立设门。耳房立面形态和门窗样式同其余类型房间基本类似，在此不再赘述。

（五）过厅

过厅多见于规模宏大的多进宅院，居于正房之前并与其共用轴线，等级并不一定低于院落正房，而是根据宅主身份或是功用视具体、看重点而定。过厅处在纵向内外院落

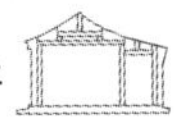

的分隔节点部位，在功能上分为封闭与开启两种情况，开启时可用于前后交通，封闭时可作为生活起居及红白喜事的场所，是一种兼有公共性与私密性的中性空间。体面人家的过厅还在后金柱部位设置隔扇门，用以屏蔽外人洞穿院落的视线，保有后院的私密性。由于封建尊卑等级的限制，旧时只有长辈和重要宾客才可以穿厅而入，下人等则只能走两侧通道。同时，由于受通道所占面积影响，过厅面宽较后院的正房稍窄。过厅也可以说是正房特殊类型，除了前后当心间置门以外，其他方面同正房并无明显差异（图4-43：过厅）。

（六）宅门与内门

门在民居中主要作为入口起点或空间转化的节点而存在。宅门自古作为“门第”的体现，不仅可以彰显主人的身份名望、品位修养甚至经济实力等，而且是整个民宅空间序列的起始位置，俗称“街门道”。传统风水理论讲究宅门以南、东、东南为三吉方位，其中又以东南为上佳，南向开门，但这并不是一定之规。一般情况下，宅门多与倒座房结合营建，二者的位置关系通常有三：其一，宅门位于宅院中轴线上的倒座中间一跨，左右被均分，若院落为无倒座的三合院，则宅门位于院墙的中央，如涿鹿县圣佛堂民居（图4-44：圣佛堂民居）；其二，宅门占据倒座的最右端开间，即位于宅院的东南角上，此类型在冀西北民居中最为常见，使大门与厢房山墙相对并遮挡视线，成为院外到院内的空间转折过渡之处，又称为“二门阂廊”；其三，宅门随街巷的排布走向灵活而定，讲究利用场地和空间就近朝街巷开门，比如利用正房的左上角开口，如堡子里的商家，苍竹轩的大门则位于西南角并朝西开。但值得一提的是，为了交通的便捷和车马出入方便，军堡内许多宅门都向着街巷有一定偏转角，为10～15度（图4-45：军堡民居宅门）。

图4-44：圣佛堂民居

图4-45：军堡民居宅门

冀西北地区宅门样式基本有三：一为屋宇式大门，燕北、京西一带，通常以面阔一开间、五檩进深式的京派风格最为常见，屋面分为双坡硬山顶和硬山卷棚顶，一般与倒座房连接建造；而晋风民居宅门结构则独立自设山墙，屋顶高出倒座1～1.5米，显得巍峨挺拔、气势不凡（图4-46：屋宇式宅门）。第二类为随墙式大门，冀西北的随墙式大门多在倒座后檐墙上直接开孔，高耸的后檐墙往往遮蔽大门的屋顶（图4-47：随墙式大门）。第三类为独立式大门，是指在院墙上直接设门，两侧连接院墙（图4-48：独立式大门）。

内门主要包括仪门和内墙门。仪门作用同过厅在沟通院落内外空间方面基本一致，主要包括宅院纵轴布置的二门、三门等（图4-49：仪门）；内墙门主要指横向联系院落或单元之间的通道，讲究简洁实用、尺度小巧（图4-50：墙门）。大户人家营建的门楼式内门，一般在内院一侧做屏门，平时关闭用以遮挡视线与屏蔽恶煞，进门可从左右走进内院。从大门至仪门实际上是一种外部到内部、公共到私密的空间转换过程，同时也决定了宅院空间序列的转换与流线行进方式。

图4-46：屋宇式宅门

图4-47：随墙式大门

图4-48：独立式大门

图4-49：仪门

图4-50：墙门

第二节　民居院落空间形态

院落是中国传统民居空间组织的中心，甚至可以说是“重心”，因为传统民居院落不仅是百姓家务劳作、接客待友、休闲聊天、敬神烧纸的空间场所，它还起着与居住者身心健康密切相关的采光、通风和沟通内外空间等作用。院落将单体建筑通过合理的秩序组织，并附加院墙等元素形成围合形态的居住空间。

一、院落的基本类型

由于地理条件、自然环境及文化环境等诸多因素的差异，冀西北民居院落的形态特征也表现出多样化的特征，大致可归纳为三种基本形式：深远宽敞的圐圙式、端庄规整的合院式、灵活自由的窑房式，而每一种样式根据院落内部正房、厢房、倒座和围墙等建筑围合要素的完整性又可分为一合、二合、三合和四合院。

（一）深远宽敞的圐圙式

坝上地区地处蒙古高原南缘，是典型的农牧交错区，圐圙院是该区域最普及的院落类型，受到草原文化与农耕文化环境双重影响，大量建造成本低、结构形式简洁的生土民居以一种实用性的原则嫁接在蒙地的土壤上。路易斯·康认为营造秩序空间配置是由自己的生活开始的，是一种行动的秩序、空间的秩序和多样的秩序。兼具饲养牲畜和耕种农作物的生产生活秩序引起了民居院落功能的部分置换，很快便从汉地窄长形的传统紧凑院落发展为宽阔深远的方形院落。圐圙院一般坐北朝南稍偏东，“一堂两屋”的三开间布局形式则完全移植于口里的汉族移民祖籍地，却并没有占满院落的整个面宽，东厢房一般放置农具杂物，西厢房用作畜棚，厕所置于西南角，东南角留院门但不设门楼。不过，很多时候人们暂时没有经济能力一次完成民居的全部，而是在动态演进中渐次完成，呈现出自我组织和自我调适的过程。最终演变成为灵活的平面布局、开敞错落的空间组织（图4-51：圐圙院）。

图4-51：圐圙院

院落空间构成并没有固定的模式，可以随时根据具体的生产生活方式调整侧重各构成部分的形态或重新划分，侧重农耕则仓储、种植辅助面积所占比例较大，侧重畜牧则饲养需求尺度较大。布局灵活却又空间主次分明。同时，逐步加建、改建的情况使的空间要素在细节上避免了整体的单调和呆板，院落一定程度的重新划分创造出多义性、灵活多变的院落空间格局，形成了充实饱满、丰富多样的空间意象。用石块、草皮等将整体院落又围隔出若干的低矮圐圙小院，由于条件宽敞而显得颇为松散，围合只是一种态，而不是封闭，从而使彼此亲近、消除隔阂的迁徙型民居特点和互助互帮、开放融洽的公共交往行为在院落中得以实现。由于宅基用地的充足性和保证充足的日照，院落纵向上不再发展（图4-52：圐圙民居形态）。

图4-52：圐圙民居形态

（二）端庄规整的合院式

合院空间形态最基本的构成手法就是“围合”，“ 围”讲究的是一种宅院空间的规划设计理念和思路，“合”更多的是强调最终的空间形态呈现。以“间”为基本构成因子，按照正房、两厢、倒座等组织围合，称为合院。主要有四合院和三合院两种，个别也有二合的形态，其中四合院作为常见的类型而处于主流地位，是冀西北地区民居中最普遍、最基本的院落形态。受封建礼制影响，合院多座北面南，整体布局中轴明确，空间主次有序、左右对称。由于受北京文化和山西文化的影响，坝下地区的合院类型基本分为两类，东部的宣化、怀来、下花园、涿鹿、赤城等地较为接近北京四合院的建筑风格，而西部的蔚县、怀安、阳原、万全基本和山西民居保持一致。河川地区地势平坦，四合院院落平面结构方正，整体均衡对称，有利于形成规模宏伟、格局完美齐备的砖木建筑院落集群，十几个院落纵横连接排列有序（图4-53：北方城民居）。而以平顶、梳背顶为主的土坯房院落，两进合院内外有别，内院为生活区，外院主要布置有菜园、仓库、牲畜圈栏和厕所等，整体呈现出造型拙朴、宁静平和、实用真实的特点（图4-54：开阳堡土坯民居）。合院整体格局正房局中，倒座相向，两厢对称环抱分布，院内空间开阔，方便接受充分的日照。山区由于特殊的地势条件所限，合院空间不甚规则，一般依山就势灵活设置。其中，三合院较为常见，特殊的合院也并置其间。三合院一般没有倒座，由正、厢房和一面墙或借另一座宅院的墙界面围合而成。山区合院的院落随地形层层抬高，

图4-53：北方城民居

图4-54：开阳堡土坯民居

图4-55：马水城民居

图4-56：怀安窑洞聚落

其中正房一般设置多级台阶，整体高度凸显于整个院落，其次，建筑的开间横阔较小，开间配置也较为灵活，甚至会出现一开间的厢房，形成一种组织紧凑、尺度宜人的空间格局（图4-55：马水城民居）。

（三）灵活自由的窑房式

窑房院主要分布于坝下地区的怀安、阳原、赤城、崇礼几县。其中怀安县分布较为集中，绝大多数分布于洋河支流的洪塘河沿岸的向阳坡面上，除了用土坯砖平地拱筑的独立式碹窑以外，也有少量的依墚坡崖壁凿土而成的靠崖窑洞，还有半间窑洞与半间土木结构房间搭接而筑的窑房混合建筑单体。院落空间布局形式多样，有独立式院落和合院式窑洞院落两类。独立式窑洞院落的正房主要为靠崖窑，窑前院落只是把地势进行简单的平整，配以少量仓储或圈棚，院落空间围合感较弱，与环境的融合度较高（图4-56：怀安窑洞聚落）。而合院式窑洞院落则基本套用了四合院、三合院的空间模式，一般碹制三孔或五孔拱筑窑洞以作正房，东西厢房有的院落为二孔到三孔窑洞，有的为土坯房，倒座则全部为土坯房，或只设院墙，有土坯砌筑或是夯土院墙进行围合并开出大门（图4-57：怀安窑洞民居），院内各单体房屋的间隔距离较大，院落空间相较砖木建筑合院更为方正开阔，建筑风格雄浑深沉。

二、院落尺度与比例

虽然冀西北各地民居院落空间的围合手法基本类同，形态以方正为主，但碍于地形地貌、民俗习惯、生产生活方式不同，在院落平

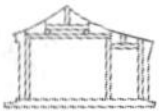

图4-57：怀安窑洞民居

面比例关系方面衍生出了差异化明显的多种范式，并按照地域不同、院落类型不同也可区分出多种形式。大多院落宽窄中规中矩，宽长比率为1：0.7～1：1.4之间，端庄、方正是其审美标准。大同市新平堡镇王家宅院的宽长比较大，约为 1：0.70，此时正房受阳面积颇大，利于室内采光，蔚县西古堡楼房院的前两进院落，一进院落宽长比约 1：0.69，二进院落为1：1.15，同时，厢房入深较小，这种比例可使院中各房屋避免相互遮蔽，以获得更多通风与日照量。坝上圐圙院面宽与入深比大多在1：1.1～1：1.7，虽然和坝下合院基本相似，但坝上地广人稀，土地资源极为充足，院落内部建筑密度较小，占地面积达到两亩以上亦不鲜见，除了满足生产、生活以外，特别有利于严寒气候下室内最大限度地获取光照量。部分民居院落较为狭窄，宽长比为1：1.5～1：2.5，如堡子里某宅。倒不是不考虑接纳阳光辐射等气候条件的影响，而是囿于城堡的限制而导致土地资源珍贵，需要高效地利用宅址从而节约土地，由此使正房正立面受到视线、光线的遮挡，但从另一方面来看，狭长幽深的院落可以在冬春季节有效地阻挡沙尘直接吹进院落或室内。谷地沟壑的院落因受可用于建设的地形所限，宽长比率较为不定，多沿等高线方向进行院落的宽度扩展，而垂直方向受限较多，纵深较长的几进院落则多依势层叠布局，不拘一格。

三、院落的竖向空间尺度

院落空间本身是由立体建筑围合的三维向度空间，除了在平面二维向度进行空间限定或拓展以外，还有基于竖向空间的垂直量度上的延伸而形成的感受。单体建筑竖向高度及院落内不同建筑之高差是其决定因素。坝上圐圙院院落宽大，但单层的土坯或土木混合平顶建筑高度基本在3.5～4.6米，较为低矮，立面扁长的建筑与宽阔的院子对比强烈，显得更加矮长，院落整体的围合感虽然极其微弱，但配以低矮的围墙，还是具备一定竖向变化的。建筑高度只有一层平川院落，虽然正房、两厢、倒座在高度上依次递减，但从整体看来，尤其是在院落内部观看，竖向尺度差异并不明显，建筑天际趋于一种横向平缓的状态。具备二层楼房的民居院落，房屋高度可达8～10米，甚至三层的阁楼，竖向空间感相比单层在高度上形成强烈的阶梯状对比，视觉冲击力较强（图4-58：堡子里二道巷1号院剖面图；图4-59：堡子里鼓楼西街2号院剖面图；图4-60：堡子里宏盛票号立面图）。山地、丘陵地带的院落依地势而建，虽然建筑本体之间的

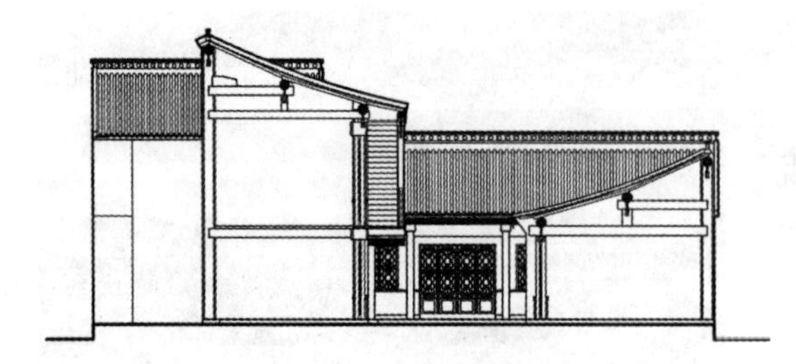

图4-58：堡子里二道巷1号院剖面图

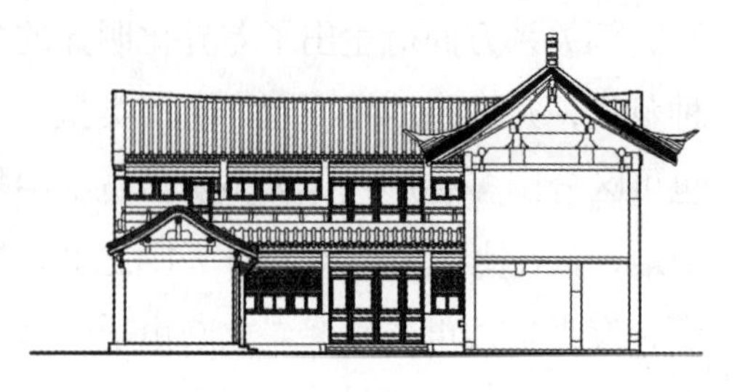

图4-59：堡子里鼓楼西街2号院剖面图

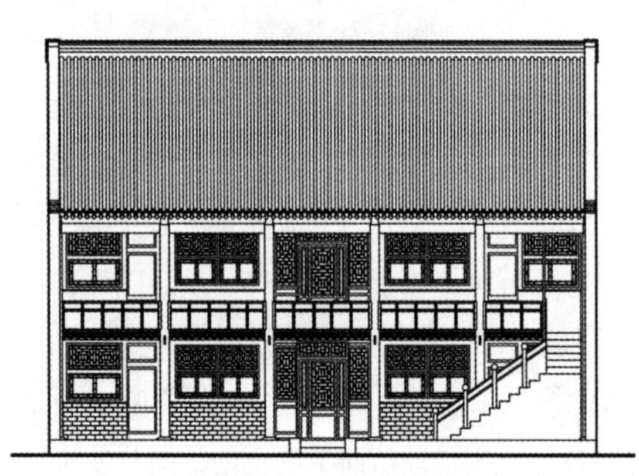

图4-60：堡子里宏盛票号立面图

绝对高度没有什么区别，然而借助地形地势，加大高差，整体院落竖向空间形态就会产生明显的差异，并产生一种连续递增的重复性韵律。比如溪源支家大院三进院落的正房由南至北非别设有五步、七步、九步台阶，尤其最后一进正房台基高差可达1.5米。无论是平缓还是阶梯状，一进院落房屋天际线较为短促，随着进深增加或是多进院落，天际线则向悠长发展（图4-61：溪源支家大院剖面图）。

图4-61：溪源支家大院剖面图

四、院落单元组织方式

冀西北传统民居以单一院落为基本空间构成母题，形成了不同层次、不同尺度的空间形态和布局形式，除独院外，归纳起来可分为前后纵向串联扩展的多进院落、左右横向并联形成的多跨院落及串并联混合组成“列”与“进”并举的大型连环套院等组合形式。院落规模大小皆在于宅主的经济实力、社会地位及个人好恶等。

（一）单一式——独院

独院式民居规模较小，内部构成简单明了，正房居中，坐北朝南，多为三间或五间，倒座与之相对，两侧东西厢房对称布局，形成对称、明确的南北向主轴线。院落中除布置必要的交通、生产活动空间外，亦布置四季的花草树木等。独院式适合家庭成员较少的小门小户，是普通百姓最主要的民居形式（图4-62~图4-65）。

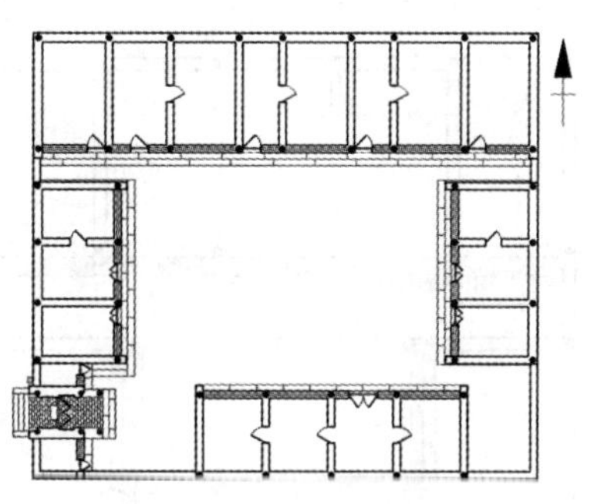
图4-62：洗马林院落平面

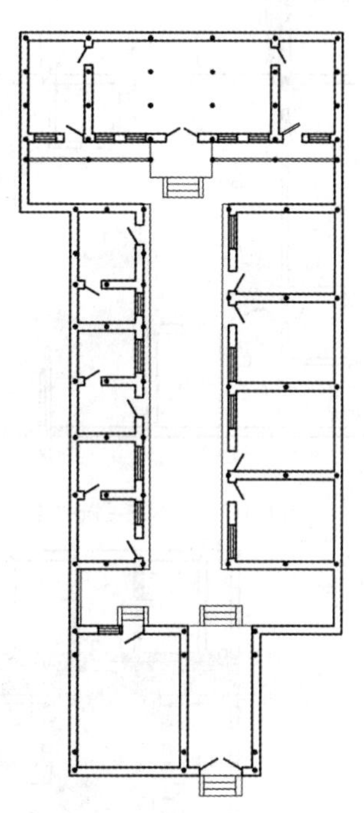
图4-63：堡子里锦泉兴3号民宅平面

（二）组合式——多进（跨）院落

多进（跨）院落组合整体既可满足较大家庭的居住需要，又可构成相互独立的空间，互不干扰。一种为南北纵向的多进组合，由于院落数量的不同形成“二进院”“三进院”“四进院”等，也称两进两出，三进三出，或四进四出。另一种是东西横向并排的多跨院落，由厢房与正房、倒座之间的院墙上的侧门相连通。多进（跨）院落形制为进一步功能分区的细化提供了空间保障。

1.多进院落

多进院落主要指在纵向上有两个或者两个以

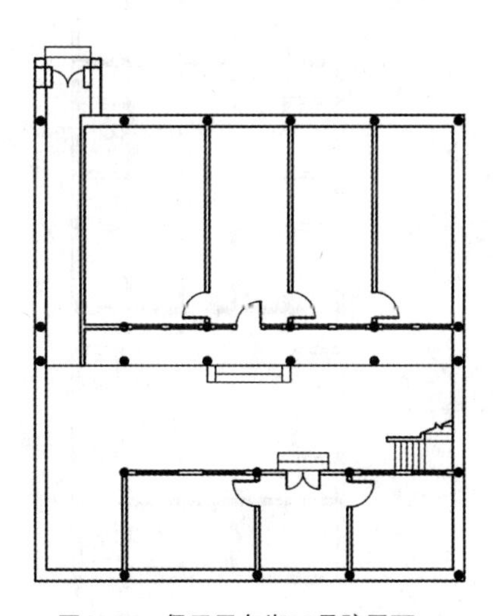
图4-64：堡子里东街29号院平面

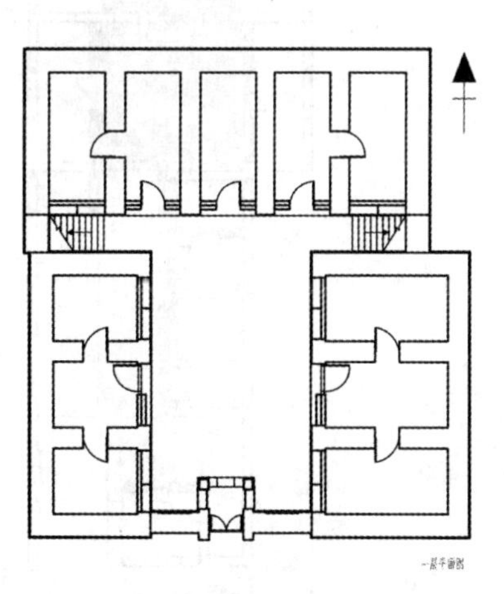
图4-65：赤城松树堡楼房院平面

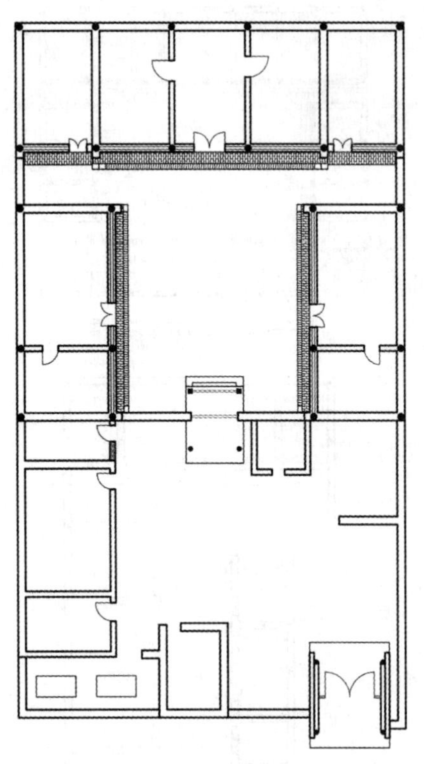

图4-66：白玉龙宅院平面

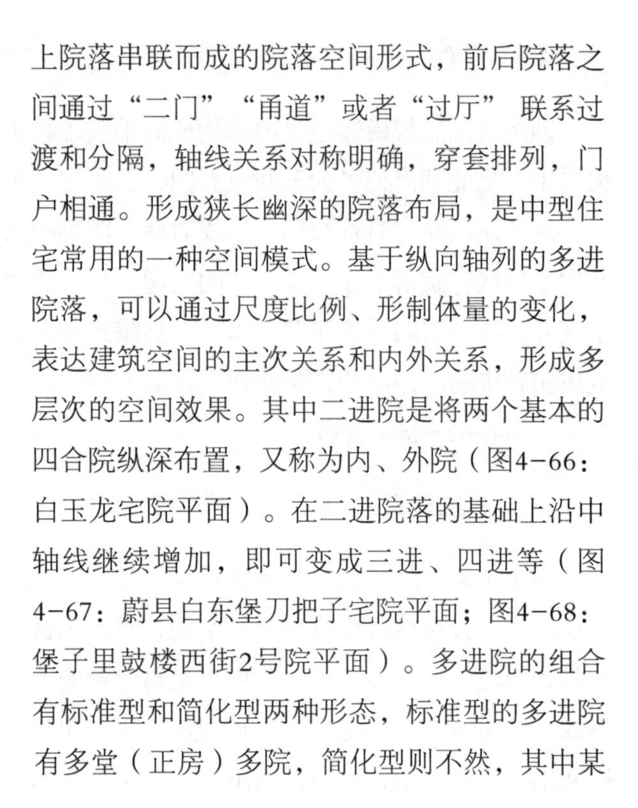

上院落串联而成的院落空间形式，前后院落之间通过“二门”“甬道”或者“过厅” 联系过渡和分隔，轴线关系对称明确，穿套排列，门户相通。形成狭长幽深的院落布局，是中型住宅常用的一种空间模式。基于纵向轴列的多进院落，可以通过尺度比例、形制体量的变化，表达建筑空间的主次关系和内外关系，形成多层次的空间效果。其中二进院是将两个基本的四合院纵深布置，又称为内、外院（图4-66：白玉龙宅院平面）。在二进院落的基础上沿中轴线继续增加，即可变成三进、四进等（图4-67：蔚县白东堡刀把子宅院平面；图4-68：堡子里鼓楼西街2号院平面）。多进院的组合有标准型和简化型两种形态，标准型的多进院有多堂（正房）多院，简化型则不然，其中某

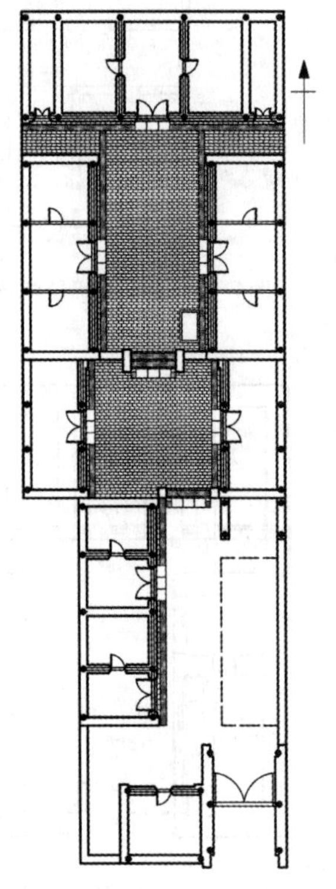

图4-67：蔚县白东堡刀把子宅院平面

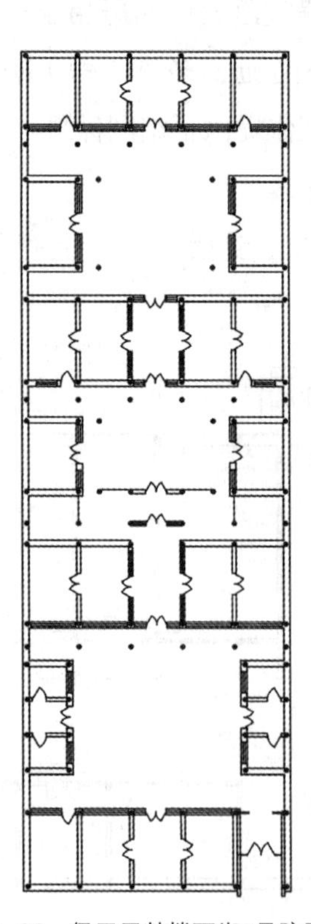

图4-68：堡子里鼓楼西街2号院平面

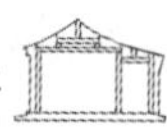

些进院的正房被减去，由门楼连接或分割，也称为穿心院（图4-69：南留庄穿心院平面），这种简化往往是在低一级的院落基础上纵向发展形成高一级院落。究其原因，主要是当地春寒冬冷，加大院落南北长度有利于获得更充足的阳光和热能。山区地带的多进院落虽然沿袭了平川四合院的组合方式，但由于受到地形约束，院落之间高差较为明显，并且不太规整（图4-70：圣佛堂山地宅院）。

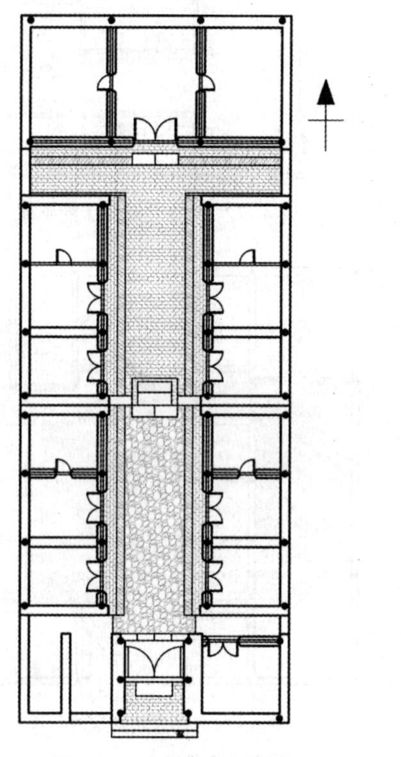

图4-69：南留庄穿心院平面

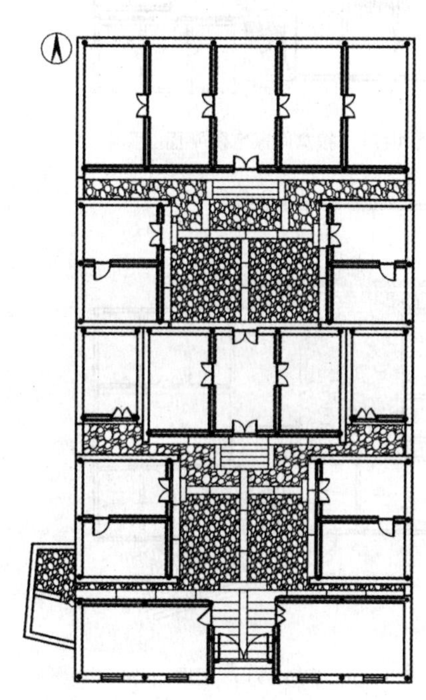

图4-70：圣佛堂山地宅院平面

2.多跨院落

多跨院落通常指在东西横向轴向叠加院落，这种平行并列组合的方式又称为“多跨”，院落之间以围墙和建筑相隔，多以墙门、入口玄关或过厢作为联通，院落的并联多跨形成多轴线的建筑群体，并能够基于院落尺度比例、建筑形制体量的差异暗示院落之间的主从关系。多跨院落的模式有主次并列和两组或多组并列等形式，主次并列即一座标准的院子为主院，其旁边另加一座次院，次院一般在纵向上与主院等长，但比主院狭窄。如西陈家涧的主院面阔5间，次院2间，次院主要用于布置牲畜卷棚和杂物储藏房间，有效地保证了洁污分区；两组或者多组并列形式特指大小相等或近似的宅院相并列，它和主跨院有明显区别，山地院落一般平行布置于等高线层级台地，一进的横向多跨院落较为常见。也建设成一门(玄关)进东西两院的模式（图4-71～图4-76）。

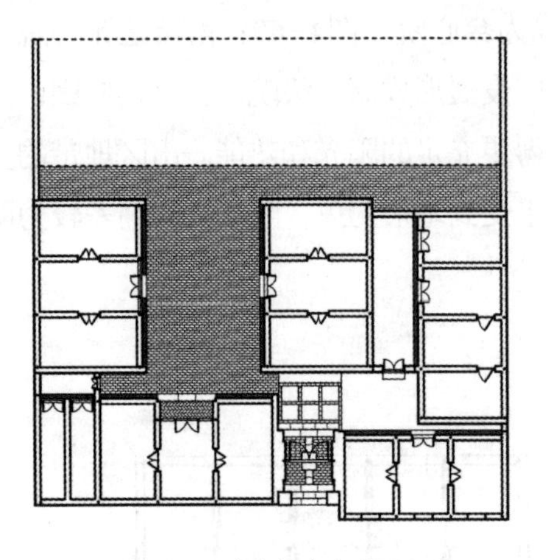

图4-71：狼窝闫家宅院平面

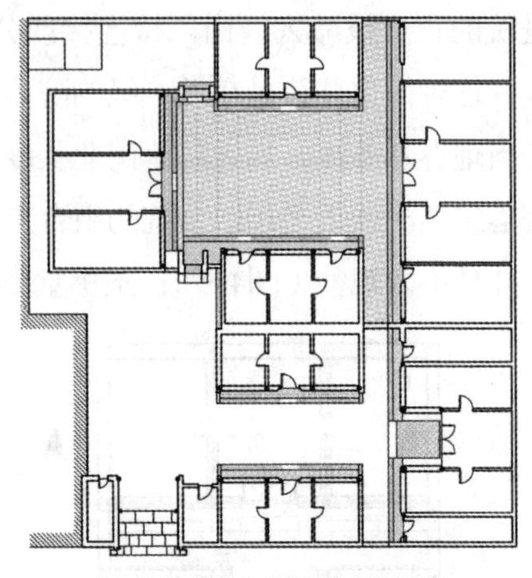

图4-72：宋家庄韩家大院平面

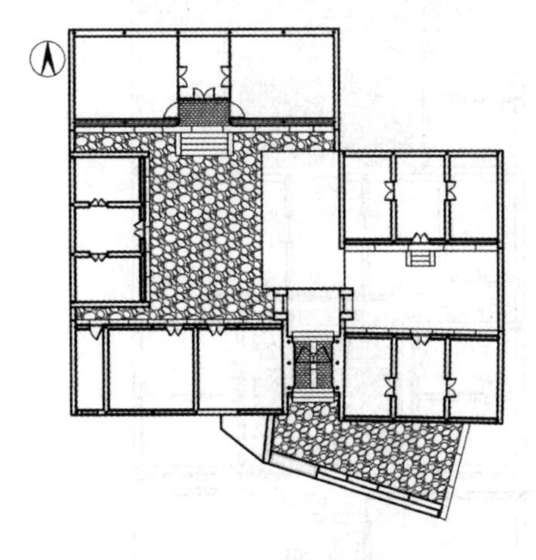

图4-73：圣佛堂宅院平面

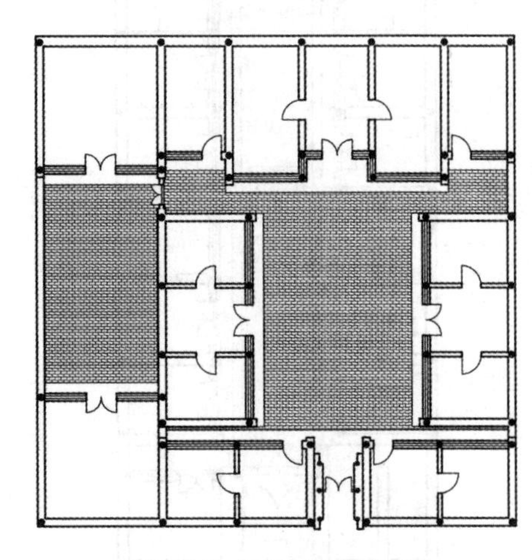

图4-74：任家涧某宅院平面

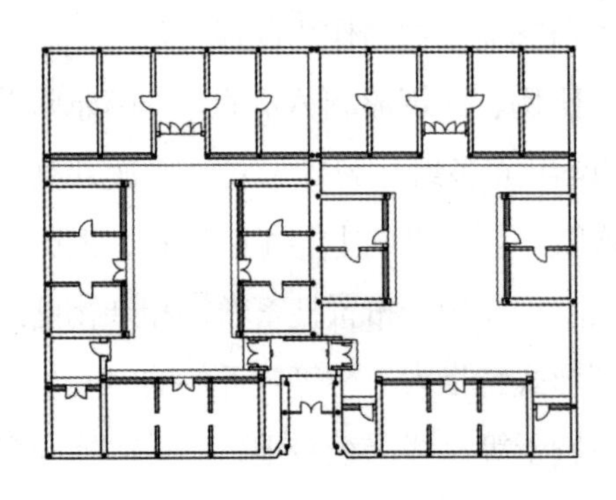

图4-75：牛大人周家宅院平面

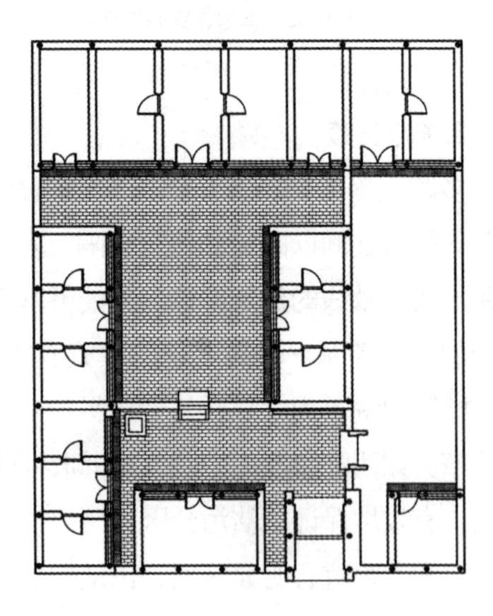

图4-76：白后堡苏家宅院平面

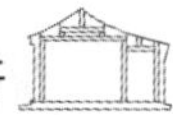

（三）复合式——连环套院

对于“多世同堂”的大型家庭而言，独院式和多进式院落难以满足使用要求，这需要院落在纵横双向同时拓展，形成竖向串联和横向并列交织的复合型院落空间，以便更好地组织空间满足同一家族共用的居住要求，冀西北坝下地区的连环套院即是具有典型特征的复合型宅院，宅院群体组合既有并联，又有串联，空间层次丰富。它由多个院落紧密结合，且院落之间以过厅或墙门等相互贯通，同时每个院落又可独成单元，形成“四连环”“六连环”“八连环”“九连环”等套院（图4-77：任家涧王家八连环套院平面；图4-78：永宁寨九连环套院现存平面）。如规模宏大的任家涧“六连环”套院，在南北方向上由两三个基本院落纵向组合形成“二进院”或“三进院”，并且在东西方向平行并联排列三组连续跨院，从而形成多组串联并列、宽敞气派的大型连环套宅院，同时，由于各个院落尺度、比例及建筑形制体量的差异形成对比，暗示院落之间的主从关系。除了正门之外，连环套院大多会在靠近街巷一侧开设偏门，方便进出。最终，院落由纵横轴线分成前后左右互相分隔又紧密相连的连环套院，形成了成片的街坊或

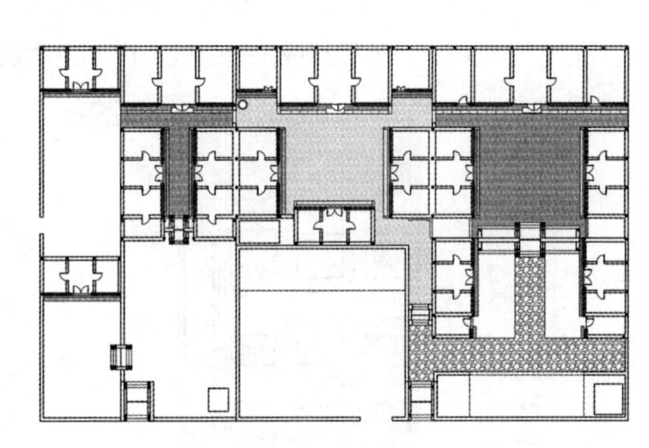

图4-77：任家涧王家八连环套院平面

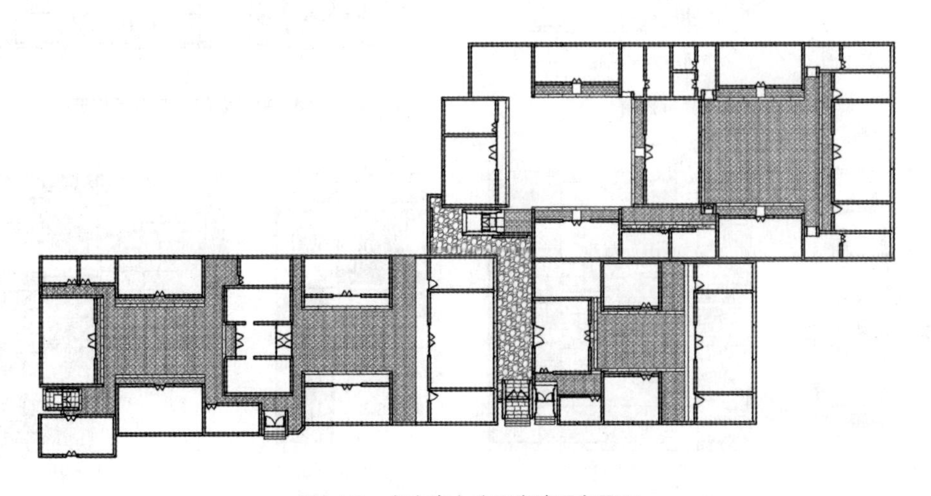

图4-78：永宁寨九连环套院现存平面

整体的聚落。

五、院落组合的功能分析

院落作为联系枢纽，通过对单体建筑的组合，除了提供共同使用的庭院空间外，更重要的是有效地解决了生活中各种功能空间的布局组合，理顺家庭各成员之间的关系，满足所有成员的不同需求。院落集合冬季抵御寒风袭击、夏季遮蔽日晒的气候调节与适应功能。同时，外部内向封闭的合院空间，使各个单体建筑都藏匿内院或者面向内院，有力地增强了建筑群组或者院落的防御功能。总体来说，冀西北地区院落功能分区较为明确，尤其是多进（跨）院落和连环套院，体现出等级和内外之分（图4-79～图4-82）。前部院落一般为会客、生产等活动的公共空间，后部院落是为居住生活的私密空间。以二进院落为例，可划分为三个功能区域：入口院落、外院与内院，分别承担内外过渡与辅助、对外接待或重要仪式、内部生活及起居等功能。内院多为主人及家眷

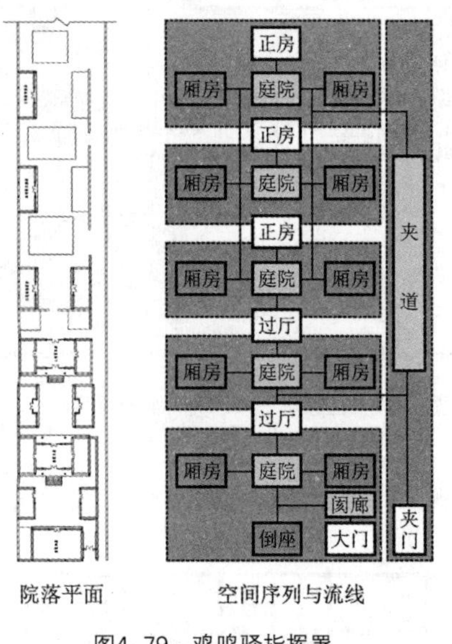

图4-79：鸡鸣驿指挥署

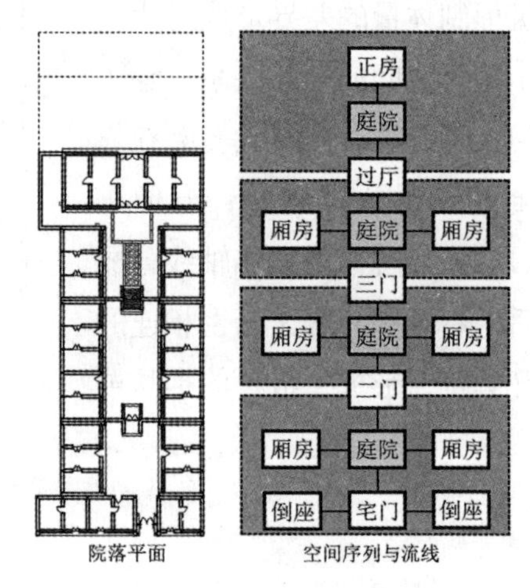

图4-80：龙门所董总兵府邸

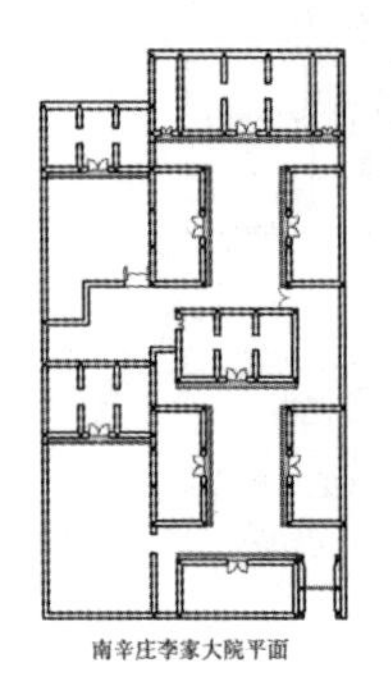

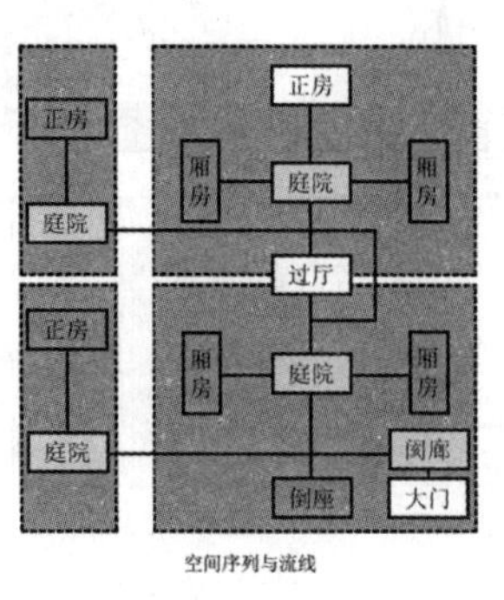

图4-81：南辛庄李家大院

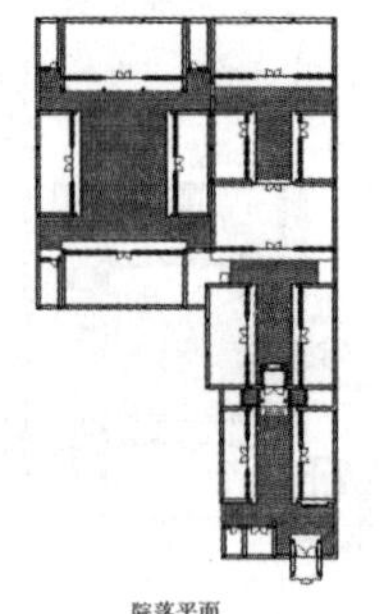

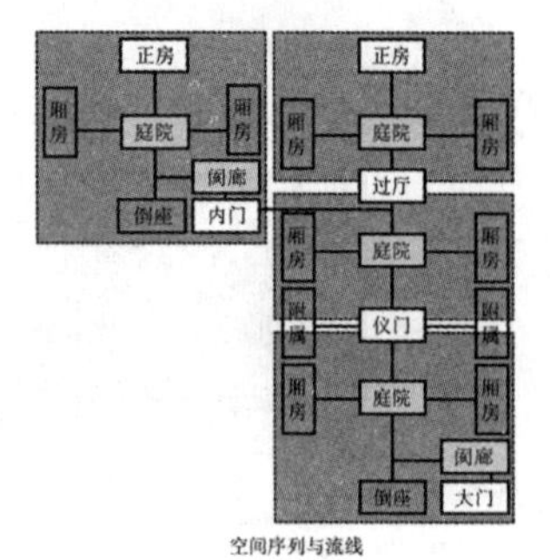

图4-82：水西堡吴峰宅

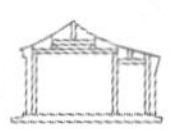

的书房、卧房，前院多布置过厅、专门的磨房、碾房、仓房、用人房及井房等。此外，前院也用来停放“大车”（当地人称骡、马拉的车为大车）。而一般人家的住宅，前院的倒座房与厢房也直接用于居住。而入口空间则为宅门、照壁和侧墙门围合的玄关性空间，在很大程度上只是一种进入主院的过渡空间。连环套院除主要院落之外，还布置有偏院、场院、马号等，既能满足各院对私密性的要求，又方便联系。

第三节　民居建筑空间形态特征

由于建筑空间的内聚性和庇护性，传统民居的内、外界面具有明显的差异，前者主要指封闭的砖石外墙，后者多为开放的单体建筑立面的木构装修，此外也包括屋顶和地面。界面一般以线性建筑实体要素进行划分或围合，形成对空间领域的包容，并将空间单元纳入整体秩序之中，从而形成关系丰富、虚实相间的整体建筑空间形象。同时，区分出的建筑内部与外部空间，都各自强化着具体的空间感受，内向的整体庭院图景成为了建筑空间表现的主体，建筑外界面实体形态对于冀西北的传统民居来说，其艺术处理的感觉更为强烈。

一、建筑外立面的形态特征

民居院落单元按照平行投影可以分为正、背、侧三种立面，一般情况下，我们把反映主要出入口的立面或正房所对的方向称为正立面，其余的立面相对应地称为背立面和侧立面。多进多路的院落单元组合而成的组群布局导致建筑立面产生多种变化，从而构成形式丰富的建筑组群立面图像。

（一）正立面的形式

单院型正立面形式按照院落围合形态主要有两类：其一为无倒座房的三合院，由两厢山墙和围墙构成“山墙型”正立面，如堡子里三合院民居正立面（图4–83：堡子里三合院）；其二为四合院，由倒座的后檐墙与后山屋面构成，整体呈现为一字形（图4–84：揣骨疃李家宅院正立面）。串联型院落虽然增加了院落数

图4–83：堡子里三合院

量，但因为仅限于纵向轴线，其正立面与单院型保持一致，而且仅是外院的后檐墙。除了极少情况，多进串联院落中的外院全部都有倒座房，所以又以一字形最为常见（图4-85：邢家庄中西合璧宅院正立面；图4-86：万全小砖城乔家宅院正立面）。并联院落只在水平横向上有所增加，其正立面均为一字形，形象稳重端庄（图4-87：牛大人周家跨院正立面）。部分并联跨院由于单体建筑采用单坡屋顶形式，后檐墙极为高耸，

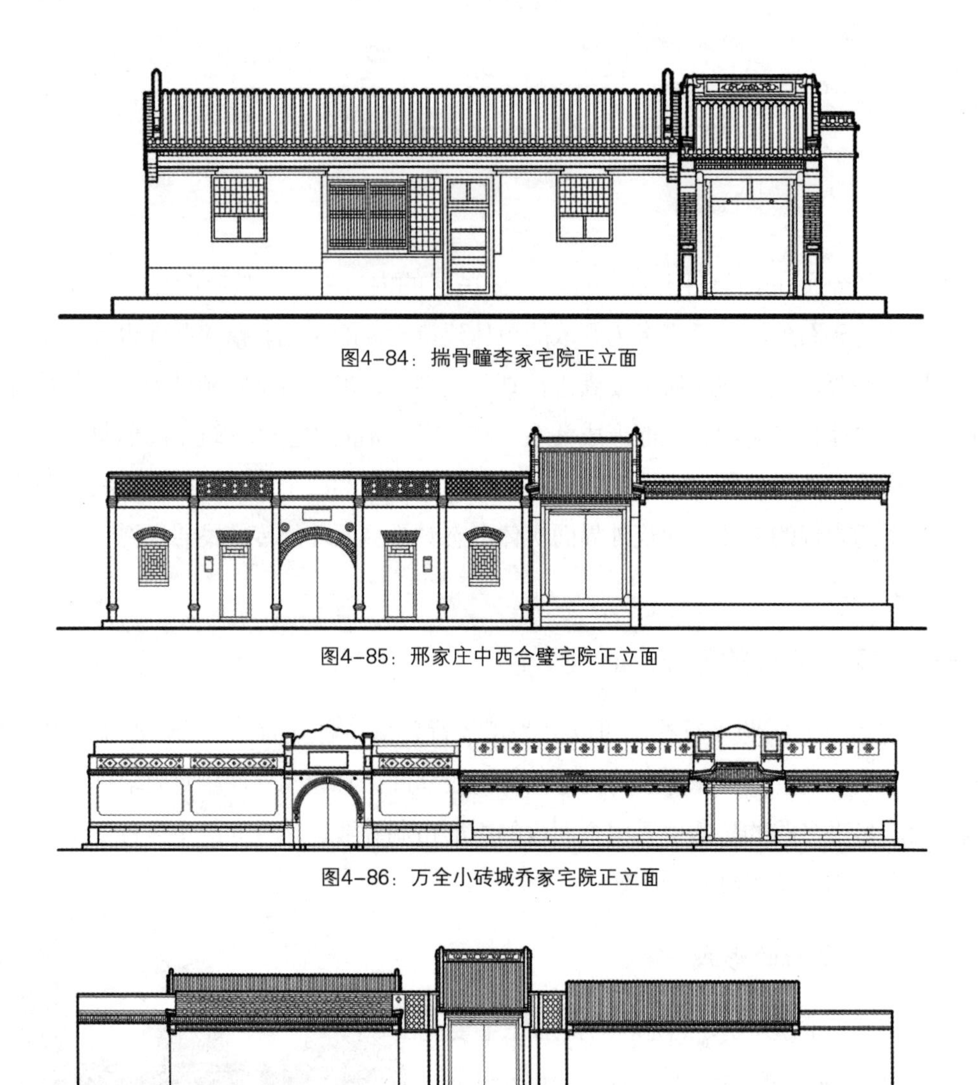

图4-84：揣骨疃李家宅院正立面

图4-85：邢家庄中西合璧宅院正立面

图4-86：万全小砖城乔家宅院正立面

图4-87：牛大人周家跨院正立面

远超宅门正脊的高度，从而形成山字形的正立面，对于丰富街区景观也起到了非常重要的作用，形成了街巷里一个个小的焦点而活跃了街景（图4-88：万全区赵家梁某宅院正立面；图4-89：新平堡马芳府邸正立面）。总的来看，正立面形式以一字形最为普

遍，很容易形成建筑正立面亦即街巷界面的秩序感与完整性（图4-90：东大云疃主街正立面）。

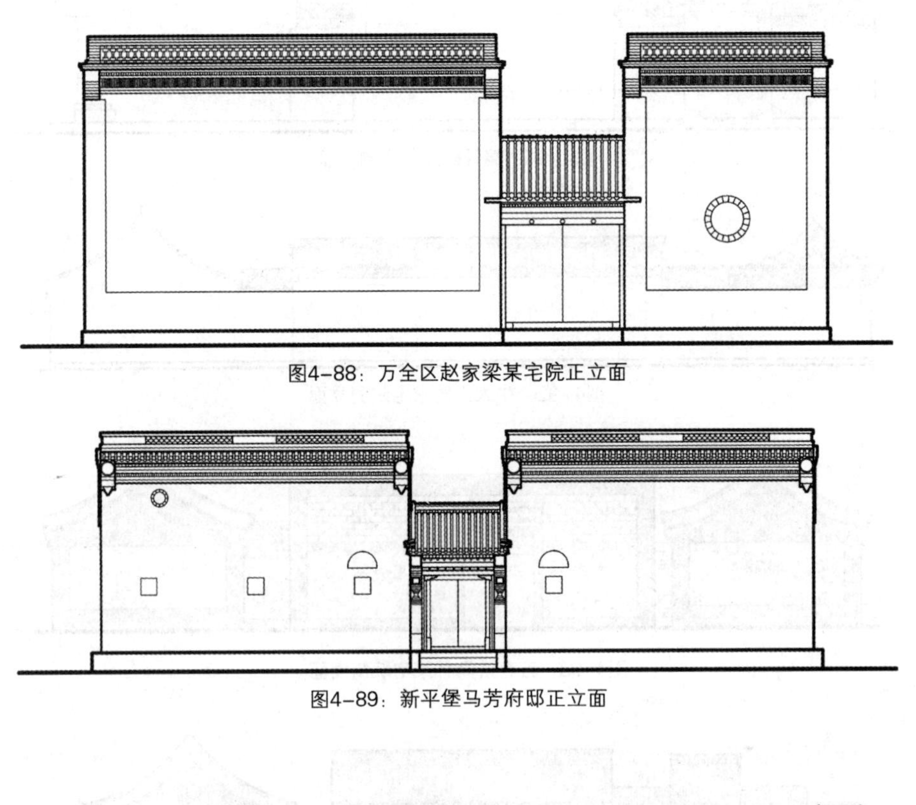

图4-88：万全区赵家梁某宅院正立面

图4-89：新平堡马芳府邸正立面

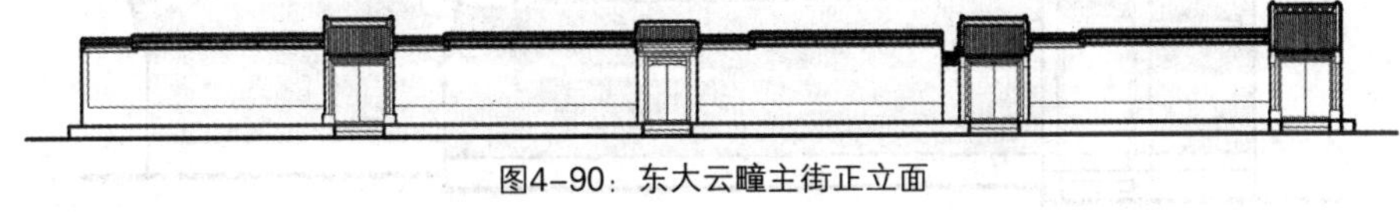

图4-90：东大云疃主街正立面

（二）侧立面的形式

冀西北民居的侧立面形式极为丰富多样，虽然单院型院落构成形态简单，侧立面仅由纵深轴线上正房山墙、倒座山墙和两厢后檐墙或院墙组成，同时两厢的后檐墙和院墙均为比较稳定的一字形矩形。山墙作为构成侧立面的形式元素变化较为丰富，在冀西北地区的民居屋顶有硬山、卷棚、一出水三种形式。三者的山墙下碱、上身基本完全一致，而其各自特征与变化则仅表现在“山尖”部分。卷棚自檐口随屋面曲线升高，硬山两侧、单坡一侧一般保有硬山屋顶的垂脊，具有刚劲有力、弹性十足的美感（图4-91～图4-96）。

除了其自身具体形式较为多变以外，通过多进院落数量的增加，山墙侧立面元素

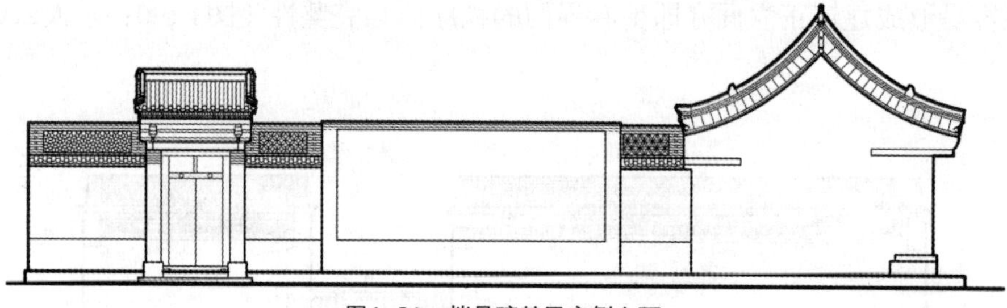

图4-91：揣骨疃某民宅侧立面

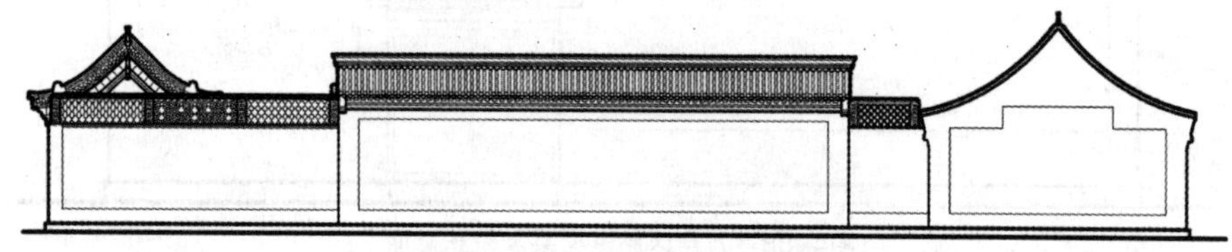

图4-92：牛大人周家宅院侧立面

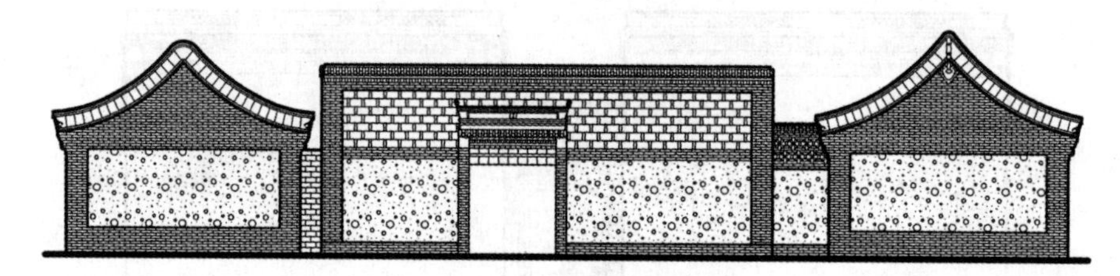

图4-93：万全洗马林某宅院侧立面一

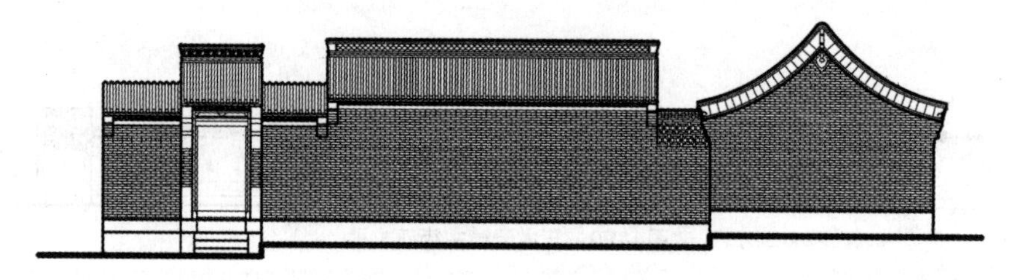

图4-94：万全洗马林某宅院侧立面二

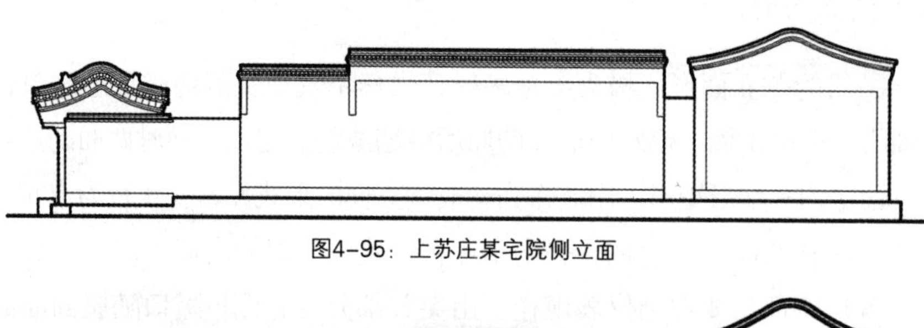

图4-95：上苏庄某宅院侧立面

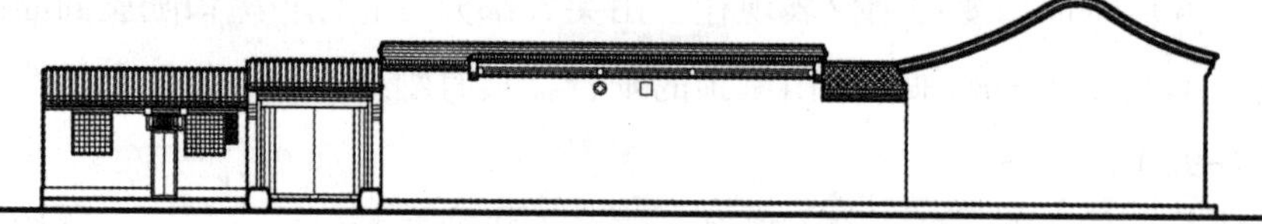

图4-96：阎家寨某民宅侧立面

与一字形矩形墙体以间隔式、重复式进行多种组合。虽然无明显规律，但构成了形式繁多、均衡稳定的传统民居建筑侧立面，增强了建筑立面的趣味性和差异性。侧立面形式主要有两类，单一院落构成的侧立面与多进院落或不同宅院共同形成的街坊侧立面。不少时候主要宅门会开在临街建筑或院落侧立面开设旁门或侧门，也对建筑侧立面起到形式构成点缀和虚实空间塑造的作用（图4-97～图4-101）。同时，也有不少院落利用加高的围墙，把院落内部的建筑单体全部严实地封闭起来，而见不到真实的民居建筑轮廓与形态，立面也呈现出一字形（图4-102：小砖城侧立面）。

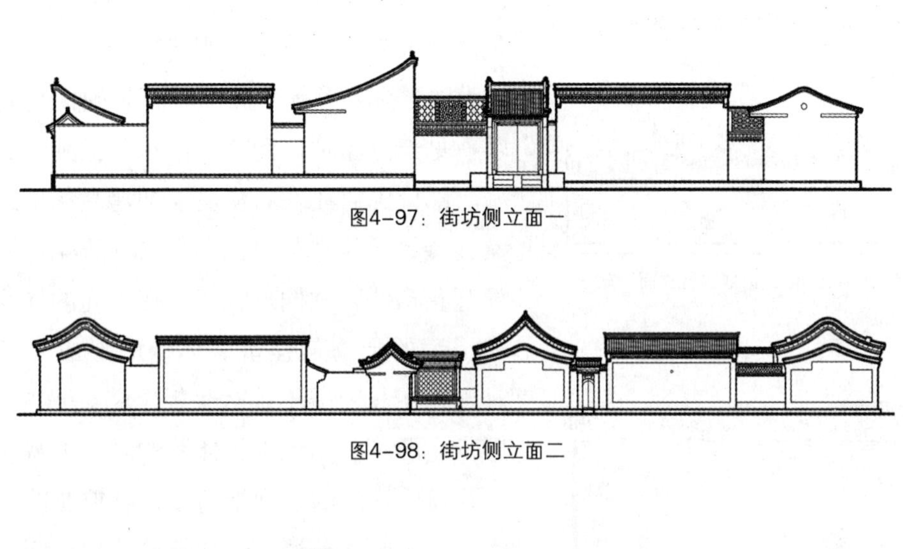

图4-97：街坊侧立面一

图4-98：街坊侧立面二

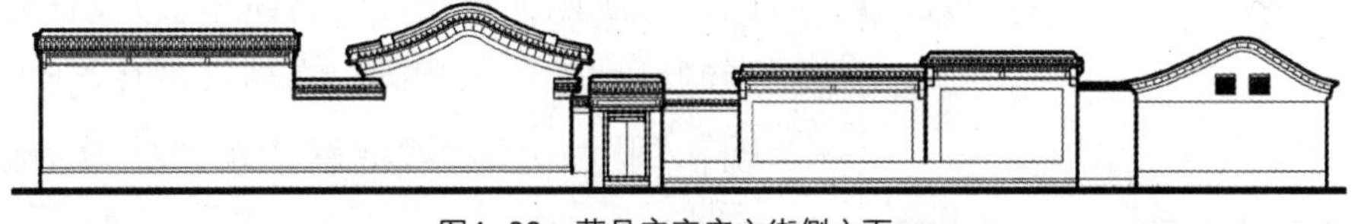

图4-99：蔚县宋家庄主街侧立面一

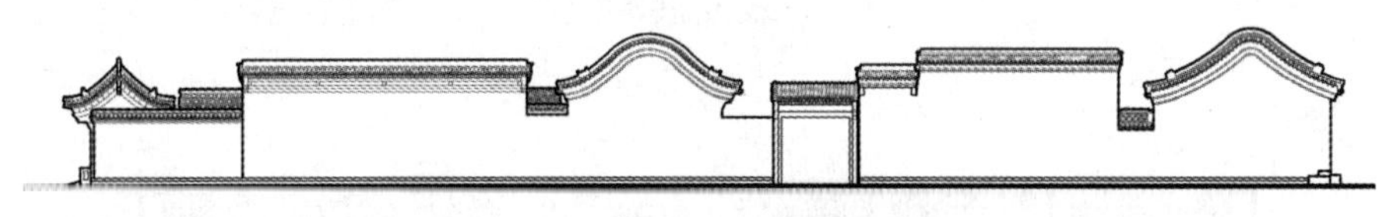

图4-100：蔚县宋家庄主街侧立面二

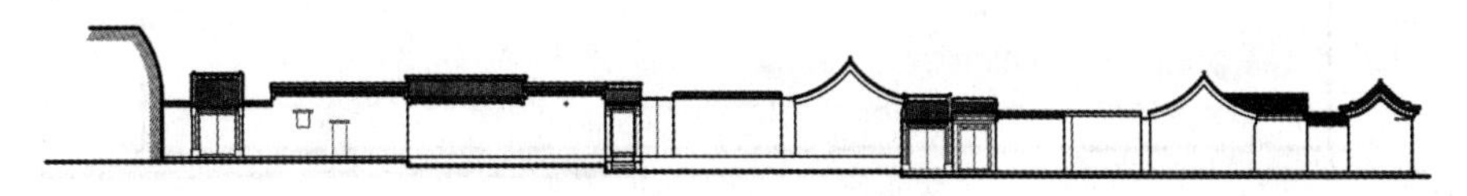

图4-101：邢家庄主街侧立面

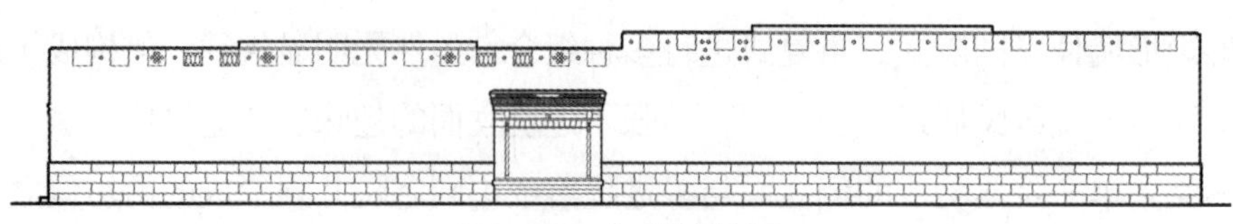

图4-102：小砖城侧立面

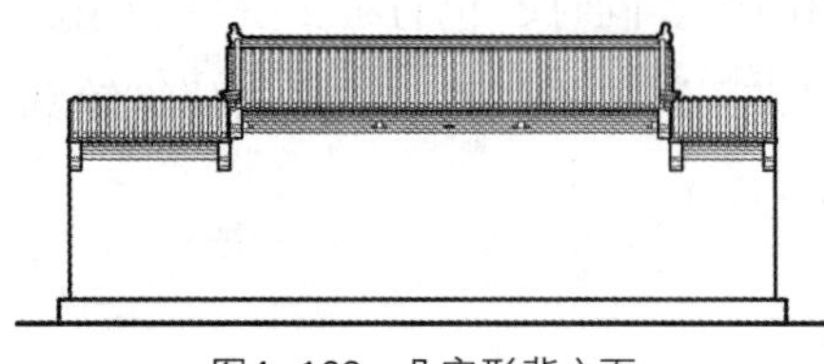

图4-103：凸字形背立面

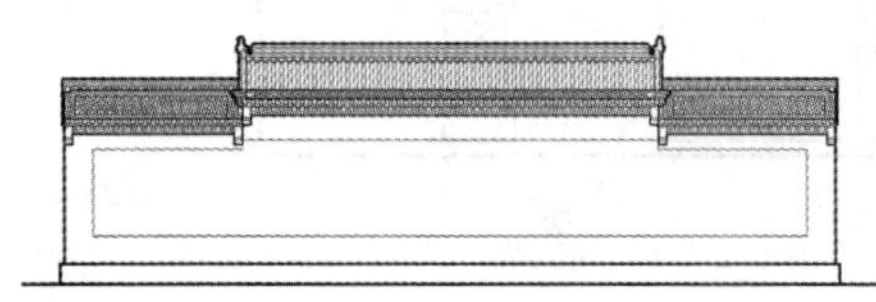

图4-104：加建瓦花格的背立面形式

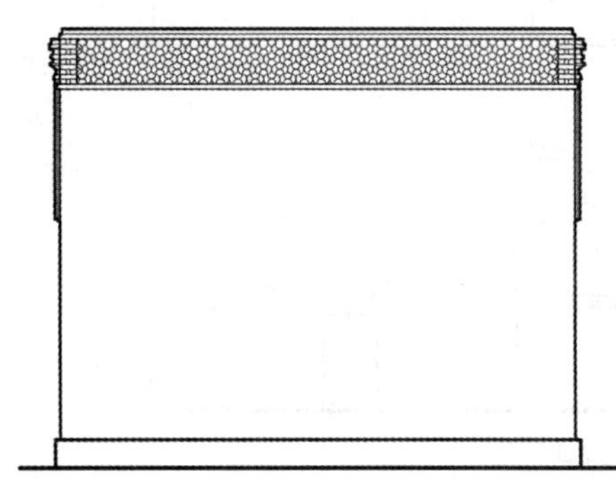

图4-105：一字形背立面

（三）背立面的形式

建筑院落与组群的背立面，也为建筑最末端的后檐墙，从立面形式来说，亦为一字形。由于很多院落的后立面是由正房与两侧耳房构成，又形成一种不太明显的凸字形形式（图4-103：凸字形背立面）。同时硬山与卷棚可以看见部分屋顶，而“一出水”式则只有后檐墙。部分民居还在后檐墙上加建瓦花格或砖砌女儿墙，个别民居做线脚雕饰（图4-104：加建瓦花格的背立面形式）。在阳光的掩映下，其灵动的形态与建筑实体檐墙形成一种虚实对比，使其变得不那么呆板（图4-105：一字形背立面）。作为维护体系的对外檐墙一般都不开窗，连续的墙面塑造了古朴典雅的街巷空间，为了削弱单调性，合院单体建筑因高度、形制、细部各不相同。在建筑形体与细部的共同作用下，轮廓线活跃生动、错落有致（图4-106：高庙堡某民宅背立面）。建筑外观在统一中有变化，民居在争取沿纵向街面、横向轴线发展的过程中，通过要素连接重复组织母题形成节奏和秩序。

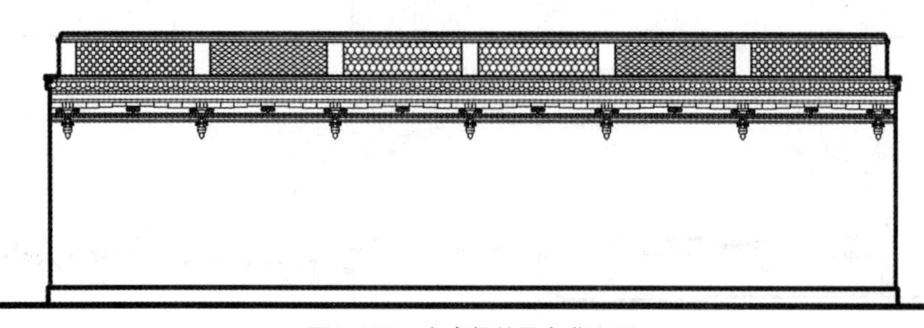

图4-106：高庙堡某民宅背立面

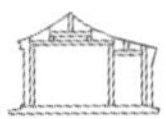

二、建筑内立面的形态特征

建筑内部的立面主要包括庭院四周的垂直界面。其立界面为正房立面、两厢立面及倒座立面。一般来说，正房面向庭院的立面正心间多做木隔扇，两侧立面、次间等做槛墙，上做槛窗和合窗，有的正房两侧各有一间或者两间耳房（图4-107～图4-109）。两厢一般立面为槛墙，其上做槛窗（图4-110～图4-112）。而正房相对的立面则相对复杂，或为院墙与仪门，或为前进院落北房的后檐，也有木进院落倒座的前檐立面，做木隔扇者、设槛墙者皆有。同时，还有增加前廊或在当心间入口处凹进做缩廊的。当地

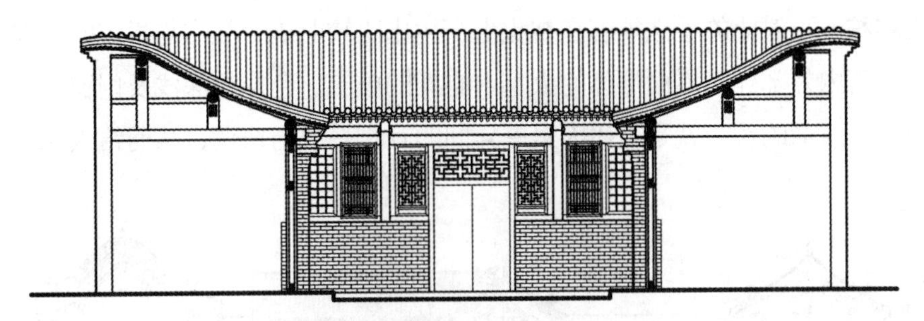

图4-107：晋风民居正剖图一

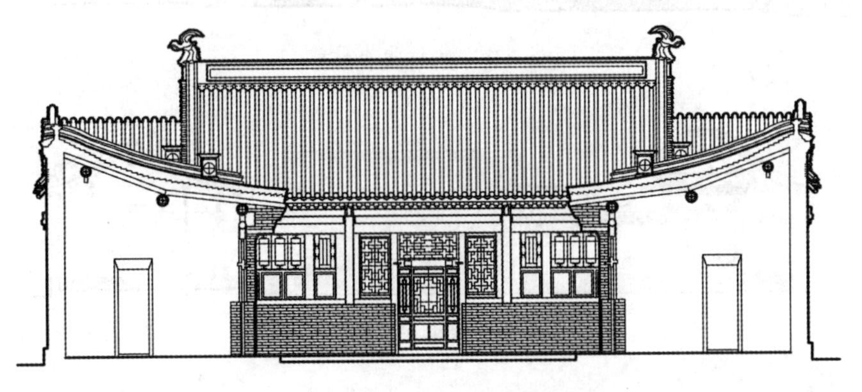

图4-108：晋风民居正剖图二

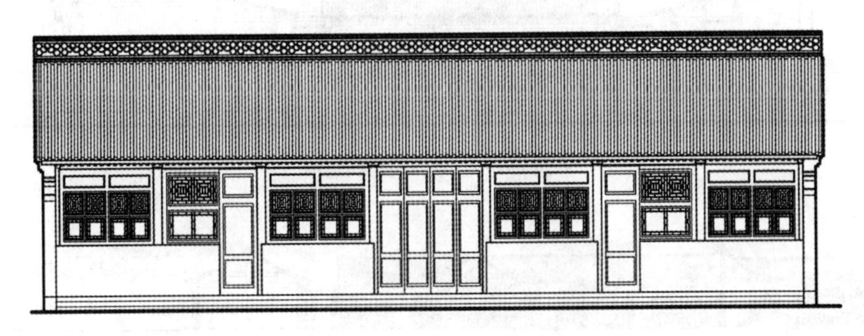

图4-109：京派民居正房立面

大部分民居南向开大窗，有利于采光而提高室温，灰空间与过渡空间强化了院落的等级（图4-113：龙门所董总兵府邸侧剖图）。围护结构包括两侧山墙和后檐墙，前檐下一般施木装修，称为“三封一敞”的维护结构体系。从院落内观，院墙则主要为正房山墙与厢房背墙之间，或厢房与大门之间，又或大门与倒座房之间的过渡，墙顶上常置以筒瓦拼就的“瓦花格”装饰，这种处理手法不仅形成一种外面形体的变化，在兼顾安全防御性的同时还给院落内部空间带来丰富的光影效果。

三、建筑内外立面的艺术特征

对比和统一：对比的手法能够在视觉上产生出比较明确、强烈与肯定的立面效果，包括民居院落内外部建筑界面形体的大小、空间的虚实、色彩的深浅及门窗柱廊等建筑部件的隐现；所谓的统一就是上述因素差异间的互相一致与协调，从而给人们带来一种

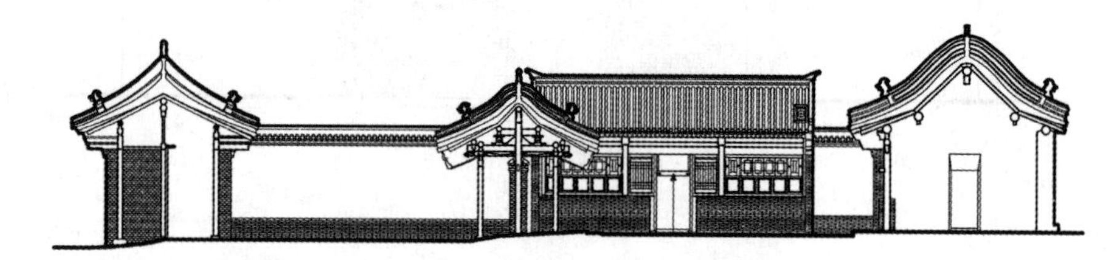

图4-110：晋风民居侧剖图一

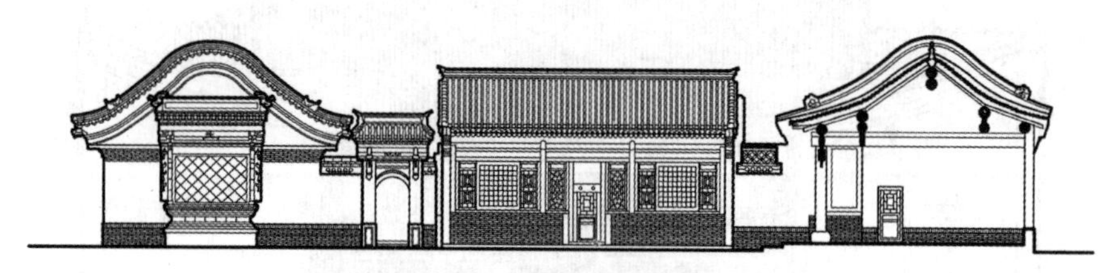

图4-111：晋风民居侧剖图二

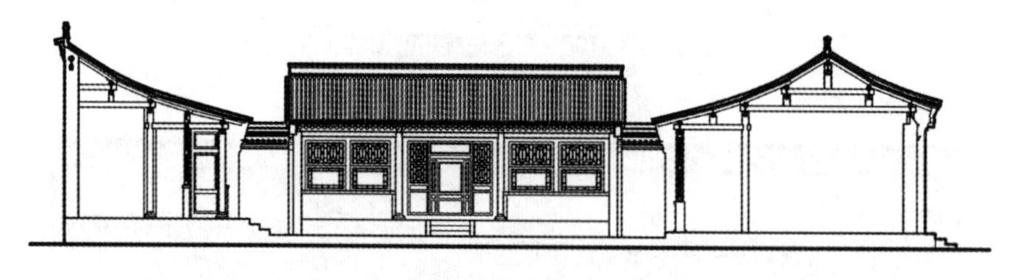

图4-112：京派民居侧剖图

图4-113：龙门所董总兵府邸侧剖图

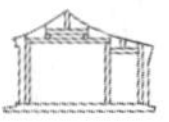

安宁祥和的生活氛围。作为民居，生活情趣是其至关重要的关照与指向，檐墙、山墙高低错落有致，硬山、卷棚、单坡、平顶等各有特色，单调的院墙也极尽变化之能事，常用瓦片或砖砌各种图案。尤其是临街墙面，甚至门屋组合，山墙高而曲折，界面轮廓变化丰富，院墙低而平直，联袂形成视觉变化丰富、造型跌宕起伏的院落侧界面空间。整体风格浑厚而古朴。

韵律和节奏：节奏与韵律都是基于同类元素或相似母题秩序交替或者重复，形成视觉感官上的连续性，其中韵律更是强调节奏形式基础上的一种情调深化的外观效果与空间关系的体现。从宅院形态到建筑单体再到开间划分，所有图式均通过母题重复、变化、嵌套产生的建筑形式体现了中国传统民居文化的理性思想和秩序格局。南留庄门家大院五组大院占据堡内整条南街，街道两侧连续平实的外墙有节奏地被各家各户的入口空间分割成“段落”， 连续巍峨矗立的五座门楼，其屋顶或为硬山，或为卷棚，呈现简单—复杂的交替变化而步移景异，有效消解了单一街道空间的乏味感。

对称和均衡：对称是单体合院或民居建筑的基本构成法则，讲究的是在控制性下的安稳、庄重与静谧如传统民居中以“庭院”空间为主的构图形态，以正房明间作为视觉焦点，两侧次间与耳房依次布置，并辅加东西厢房或倒座，整体构成了以“庭院”空间为中轴对称的格局。而并联的跨院或多进多路套院，则更多讲究各院落单元的主次布置，虽然主跨两院不呈现中轴对称，但注重院落间的主从秩序，更体现出均衡态势的稳定关系。而大型套院一般强调家族内部地位最高的人居住的中间一路的主体地位，其他几路则依次左右排列，更强化主路的建筑空间地位，建筑空间往往从边界开始通过秩序引导向中心展开。

第四节　传统民居空间形态的设计理念

官式建筑以其正统性、普遍性和稳定性的姿态反映了建筑文化的一种共性特征，而民居建筑是以地域性、民俗性、差异化的个性特征反映着建筑文化的个性特色。冀西北地区传统民居建筑，一方面，表现出对地理气候、资源技术等自然因素的复合适应；另一方面，又是社会生活习惯与文化价值观念的人文景观层次的直接反映。

一、传统民居空间的区域适应

传统民居的区域适应强调是对地域环境的整体认知和定位，就住宅的规模来说，冀

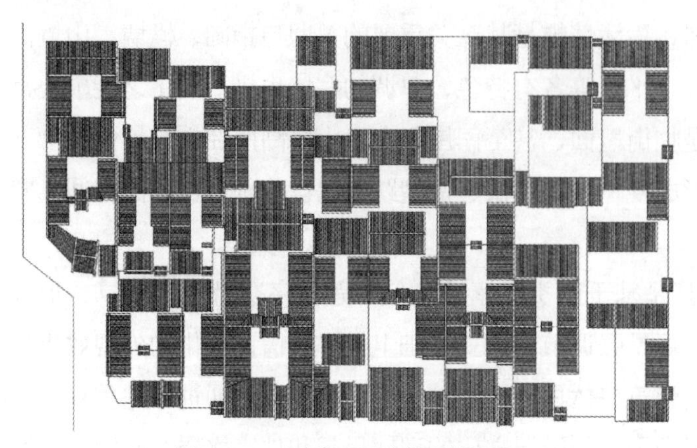
图4-114：南留庄门氏家族居住组团

西北传统民居小的院落有独院式，主要作为平民老百姓的居住形式；对于人口较多的家庭，则合院落，选择营建横向并列的多跨或前后串连的多进院落。而大型家族阖家聚居则以多进多路的连环套院为主，形成以单一合院为母题根据具体居住人口要求灵活伸缩的空间聚居设计规制。如南留庄的门家大院，规模宏大，坐北朝南，由22个规模不等的多进多跨院落组成，共计近300间房屋，整个大院布局严谨、主次分明、浑然一体，很好地满足了人口数量庞大、家庭组织复杂对民居空间提出的诉求（图4-114：南留庄门氏家族居住组团）。基于地形条件来看，山地合院式民居较为特殊，虽然基本上以一进院为主，但也无法保证院落形式完全像城市和平原地区一样做到规范化，甚至在略显紧凑的院落中呈现出平面的、多向的自由变化形式，但在整体格局中却仍然利用地形的高差来强化着明显的等级观念和主次、高低之分，构建出变化丰富的空间形态。而基于生产方式和资源承载力来看，坝上地区在草原文化与农耕文化环境交融影响下，居民兼有饲养牲畜和耕种农作物的生活方式，由于饲养骡马牛羊等牲畜，院落宽阔深远，院内再用石块和土坯或木栅栏围隔出小院圈养牲畜。同时坝上地区资源承载力有限，限制了经济的发展，又缺乏较强的文化传统，在建筑上表现为不重装饰，不修门脸，与坝下经济发达地区传统民居建筑在规模和装饰精致程度及文化内涵方面没有可比性。

二、传统民居空间的内向防御

历史上，冀西北一直是北方游牧民族和中原农耕民族对峙的前线，在此生活的居民也具有较强的防御警惕心理。民居单元的形态构筑与整体聚落形态体系息息相关。明清时期，民居建筑单元利用建筑本体的厚重、封闭强化建筑自身的防卫特性，院落空间则通过围墙与建筑单元的围合排列表现出整体的内向特性。向内倾斜的单坡屋顶厢房使外侧的墙体高度达6米以上，有些还会在厢房的屋脊上加筑瓦花墙，高大的院墙具有防火防盗、防止外部窥视、区分内外的作用，和建筑山墙一起形成封闭的防御空间。而不具备外围防御构筑体的原生性聚落，选址讲究背山面水、具有天然保护屏障的山地，同时各个院落都用沟壑或黄土围合式院落，虽然不拘于程式化，但形式样式比较单一，社

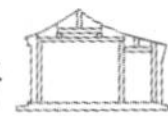

会历史的动荡不安在当地的传统乡土建筑上充分地表现了出来，也是一种基于私有制和私密性加强的自卫防御体系的缩影（图4-115：上宫村郭家大院建筑立面外观）。

图4-115：上宫村郭家大院建筑立面外观

三、传统民居空间的微观组织

传统民居以院落为中心除了宏观上控制与组织外，在微观尺度上也进行局部调适。如“偏门左道”如果朝门与主入口在一条轴线上，则贯通一气，不易聚气守财，解决的办法是大门与主体建筑入口平行左右错开，大德庄将大门中轴线较主体建筑入口中轴线位置向右平行偏移少许，实际上这是肉眼很难感觉的差异，主要表达了营造者的风水心理。山区几乎所有院落的入口处都有几步台阶，台阶设置固然有礼教文化的影响，但更多的是从防洪的角度来考虑的。这种因借地形而设的台阶及随之升高的院落地面，可以保障建筑的安全及居民的正常生活，坝下合院院落形式均为一进或二进四合院格局，为了便于农耕车辆的出入，门楼设置较大，外院有长工、仆人居住的倒座，整体上吻合村民历史上主要以农耕为主的生活特征。并且在宅门门槛做出两个凹形缺口（图4-116：宅门凹形缺口门槛），这种门槛兼有进出车马之用，同时将外院的地面用石材铺装用以承载负荷是极为实用的（图4-117：青石地面铺装）。为更好地发挥四合院的生产、生活功能，在长期的生产生活和建筑实践中，民居建筑讲究因地制宜、因材致用、讲求实效，创造了适应自己的技术特色，为我们展示了当时的经济与生产生活图景。

图4-116：宅门凹形缺口门槛

四、传统民居空间的阶级区分

中国传统社会中，阶级性不平衡在居住领域表现得较为明显。富者多用砖瓦盖房，而且布局、样式讲究，房屋间数很多，功能齐全，有二进二出，也有三进三出。

图4-117：青石地面铺装

图4-118：近代冀西北贫富阶级宅门比较

这些套房都附有“车房、磨房、仓房、碾房及土房、井房等，顶起五脊，共装六兽头焉”，极尽奢华之能事。但是贫苦农民“往往屋极低，窗极小，院极狭”，“足蔽风雨而已”，贫富居住状况不可相提并论。“除城市用砖外，乡间用石及土坯居多，用瓦者甚少”，而且“屋室尚简约，普通多茅庐土屋，碎石砌墙，压土成壁，甚简单也。至砖院瓦房、高门大厦，除城市、较大村镇间有之外，僻塞之区，实不多睹”。《阳原县志》记载“本县居室，受山西之影响，类皆高大，有脊有兽，如北平之王府然，且以楼房著名”，“若科第举人以上者，门前多置旗杆二，上下马石二”。住房分为四个等级，富贵人住砖瓦房、中产阶级住土瓦房、农工阶级住土房、贫农则住砖土窑，而且四种房子的院数、每院间数及附属房均不相同。显示出各阶层在财富、权力和社会地位等各个方面的巨大差距（图4-118：近代冀西北贫富阶级宅门比较）。

五、传统民居空间的等级秩序

在中国传统社会中，由于长期受宗法礼制的影响，礼制作为一种重要因素深刻地影响着中国传统民居的院落布局与居住形制，传统合院民居的一大特点就是聚族而居，其地点选择、规模形制、空间布局与宗族制度有着密切关系。形成轴线分明、井然有序的空间序列，强化封建礼制，同时还表现为长幼男女有序、尊卑上下有级、主从内外有别。并将这些关系转化到院落空间布局中，则呈现出一定的规律性。民居“就像社会的框架，用物质的形式把家族成员的社会关系凝结为一张纲目分明的网,家族中的每个成员，都非常清楚自己在家族中的位置，因为房屋的位置已清楚地把他的位序标示出来

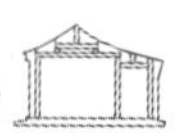

了”。传统的房屋居住分配模式显示出明显的内外、尊卑之别和身份等级的中国传统的社会结构模式。从这个意义上来说，院落是一系列有层次的“房屋围墙以内的空地”，作为一个家庭、家族“定居”的活动场所。在居住的习惯和观念方面，体现出非常明显的尊卑等级观念，即使是赤贫之家也保持这一传统，富家大户则更为明显，要求也更为严格。一家人居住在同一个合院中，充满生活情趣和邻里交往，大户人家则多世聚居在互相连通的套院中，形成宗族式的大型建筑群落，是对传统礼教思想的立体化诠释。

受封建礼教的影响，表现出一种天然的方向性和秩序感，通过中轴线对称的格局方式体现了长幼尊卑的传统伦理规则，体现出严格的内外层次、尊卑秩序，是社会秩序、等级观念在民居院落中的外在表现。通过各个院落尺度、比例及建筑形制体量的差异形成对比。另外，在多进院落中，长幼尊卑还体现在正房的屋顶形式上。现存留的大宅院基本都能体现家族家庭模式。蔚县暖泉镇西古堡的东楼房院是体现尊卑有礼的典型，为四进院落，由南至北院落的进深分别为10.5米、17.5米、19.5米和26.5米，面宽均为18.5米，院落面积次第增大，同时每进院落中的正房的体量也随之越来越大；第一进与第二进院落用“二门”连接，正房共有三处，前边院落的两处正房均为卷棚顶，最后一处院落的正房为两层硬山顶，使得它的高度在进深增大的基础上也冠于全宅。此外，从现存的装修来看，第四进院落中的正房檐下的雀替上绘有鲜艳的彩绘，体现出“以北为尊”的建筑观念，亦成就了院落的等级秩序。经过明代二三百年的军屯历史，军队中等级分明、纪律森严的观念也似乎渗透到了居住建筑之中，住宅处处透露着浓浓的“官气”，注重门脸装饰，讲究气派等级，是它们的共同特征（图4-119：西古堡东西楼房院平面图）。同时住宅可以根据主人的财富多寡及个人情趣产生更多、更灵活的变化。因此，住宅既严谨又不失活泼，既装饰繁复又不乏简洁明快，总是在对比中寻求着和谐。

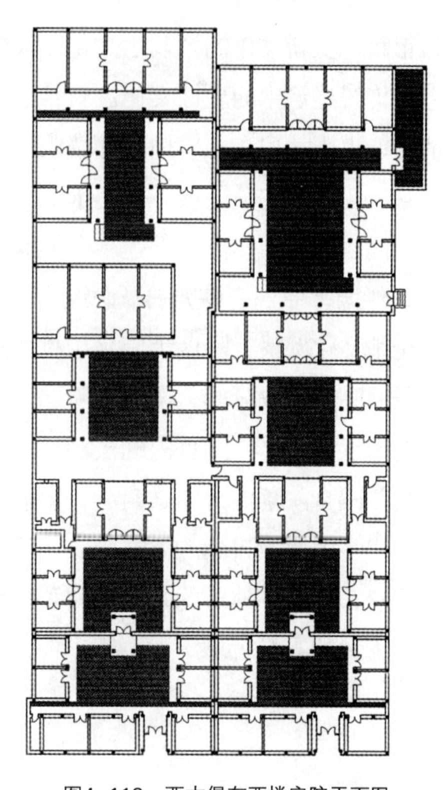

图4-119：西古堡东西楼房院平面图

六、传统民居空间的文化诉求

冀西北受到京师文化、晋商文化和草原文化的多重影响，反映在境内民居建筑上就变现为其传统民居类型的多样性、丰富性和各自的独特性。同时，它又是地理环境下的适应性独创与文化整合。阿摩斯·拉普卜特认为 “住屋不仅是一个架构，它是一连串复杂的目的连缀而成的系统。因为建造住屋是个文化现象，它的外观和组织受其所属文化背景的极大影响”。由于文化核心区内的河川、高原、山地三种地理环境的差异，传统民居在文化适应上就表现为以晋风、京派、蒙韵民宅为代表的典型民居。平川地区地势平坦，横向联合或纵向扩展都有良好的地理条件，使封建时代数世同堂的世俗观念得以传承。宅内层层递进，造成一种“庭院深深深几许”的空间结构。通过轴线上院落形状、尺度、地面高度及建筑形体的变化，表达建筑空间的内外、主次，区分出建筑的等级，形成由外到内、由公共空间到私密空间的层次过渡，民居空间序列由宅门为起点，随着向内院的行进而逐渐展开。空间组织虽不复杂，但层次分明。传统民居中的院落空间在整体布局中首先是一种“过渡”空间，是“亦是亦非”“亦此亦彼” 的“模糊空间”。文化适应论认为，一个地区的居民群体在特定环境中为适应环境而发生文化适应，经过较长时间而形成相对稳定的一种类型并逐步增强，同时取代旧的文化选择。随着塞外移民运动的展开，作为重要移入地之一的坝上地区，一种杂糅了蒙汉两种聚落方式、文化特征的定居村落和民居形式逐渐形成，并发展成为富有地域个性的生土民居景观。与此同时，原有适于游牧生活的民居蒙古包已经不适应以半农半牧经济成为主导生产方式的定居生活。其建筑也具有一种超越单一文化背景的，既有别于客居地游牧文化也不同于其祖籍地农耕文化的“创生文化”风格。蒙汉民众利用乡土资源，与土地融为一体，创造了传统建筑中的土性文化。就其建筑本质来讲，这里反映的不仅是一般意义上的审美情趣，也表达出在恶劣地理环境中的生存激情，表现了包括蒙汉两族在内的中华先民对理想人居环境的共同向往和追求。居住于山区的人类为了因地制宜、合理利用山区资源和空间、抵御自然灾害而逐步形成的适应自然的理念及状态。因受地形、地势制约，没有条件像平原四合院那样无限伸展，在极有限的宅基地上合理巧妙地利用空间，这种“山地文化”最大限度地满足了村民的各种生产与生活需要。山地民居由于依山而建，前低后高、层次分明，摆脱了险恶环境带来的压抑和局促，展现了乡民与大自然最大限度的亲近与和谐，院落内的景观环境与大自然完全相容，甚至成为大自然的一部分。没有封闭围合院落的靠山式窑洞，窑前一块平坦的自然场地，原始而朴素，所有这些充分显示出乡民对大自然的无限崇尚。建筑不仅追求建筑内部空间与环境气氛的天人合一环境理念，而且在建筑的外部空间和环境模式上更追求一种和合境界，表达了上应苍天、下合大地的吉祥祈求。

第五章

冀西北地区传统民居的构造形态与材料

建筑构造作为建筑形态的存在基础是保证民居类型多样化的关键因素，除了强调结构稳定而又追求造价合理以外，地域性民居的构造形态主要指向基于地方所能提供的材料资源、因地制宜的建筑结构形式及所在地区独具特色的营建技术与工艺手段三个方面。

第一节　民居基本建造材料

材料是民居建筑营造之本。在传统社会时期，冀西北民居的选材主要是以当地所具备的丰富自然资源为前提条件，土、木、石及砖瓦并举，形成了以木材搭建主体构架、以砖和土坯建造围护结构、以石块垒砌墙基的建造方式，并呈现出砖木建筑、石木建筑、土木建筑及生土建筑三种构造形态交错分布的总体民居面貌。

一、木材的使用

木材作为我国传统民居的主要建筑材料，具有优良的竖向耐压和横向抗挠曲性能，在梁、柱、檩、椽等大木构架与室内外建筑装饰方面发挥着不可替代的作用。但相较于其他地方性建筑材料木材的成本较高，若是计入木材人工费，甚至可以占到民居总造价的一半以上。因此在营建民居时，往往依据家庭经济条件决定对于木材的使用量甚至是民居建筑构造形态，如砖木结构房屋极为耗费木材，相比之下土木建筑则较为节省木材，而碹窑等生土建筑则基本不涉及木材。同时，民居大木构架大多使用经过简单加工的原木，虽然木材有粗直上好或弯曲次等之分，但实际施工中往往表现出因物施艺的理念，如略微弯曲的原木并不进行彻底的修整取直，而是利用弯拱对于受力的优势直接使用，正所谓“有钱难买拱弯柁”。民居多选用榆木、松木等立柱、搭梁、建檩、置椽，其中木性坚韧的榆木是梁、檩的首选材料，桦木、杨木、柳木等易加工，常用于门窗等小木作。

二、石材的选取

冀西北地区境内除太行山、燕山山区的石质山体较多外，沙河中也有不少冲刷而至的河卵石，而且坝上的冈梁多由变质岩、花岗岩构成，为本地民居建筑营造提供了大量的石材开采来源。石材的抗压强度高，耐久性和耐磨性突出，和砖、土相比更为防渗隔潮从而延长建筑使用周期，常用于垒墙基、置柱底、刻石雕、砌台阶、筑墙体、铺地面等。石材可以分为天然生成和人力加工两种。天然石材，河卵石、碎石和片石常用黄泥混合或是干碴而成，多用以砌墙筑基、铺地设阶等一些承重部位；经过加工的石材大一般只用于柱底、门墩、柱角石等承重部位。此外，富贵宅院常用经过打磨平整的石料建造基础、台阶等，人流交通经过较多的路径一般均用石材铺地，尤其是山地民居石质铺装表现的更为明显，并强化从大门台阶与台基开始，经庭院中轴至正房（厅）台阶的路径，至各房门前后、台明的角部，等等。另外，少数民居前院用于停放大车，也称“马车院”，为有效应对地面的荷载与磨损，全部用大块石材铺就。

三、生土的加工

冀西北地区毗连黄土高原东端，生土资源丰富并且取用方便，成为传统民居最为常用的建筑原材料。生土在不改变自身化学属性的同时，基于不同的加工方式及构造、组合方式，形成多种层级的表现形式与建筑语言。其一，以原生土的形式可以被直接利用，境内怀安、崇礼等县就有不少直接在崖壁峁梁开凿而成的靠崖式窑洞。其二，以生土为原材料混合谷黍秸秆用水和泥，并用木制或铁制模具塑造而成方块形，然后经过户外晾晒而制成的砖形泥墼（图5-1：泥墼与模具），长、宽、高规格大致上为1尺（320毫米）×6寸（190毫米）×2寸（65毫米），同时也可根据防寒保温适度增减，其抗拉、抗压和耐久性都较好。由于制作技术含量低，而且造价经济又节约能耗，在民居建筑的承重和围护结构广泛使用，普及性极高，在建造上形成“黄黏土加草制坯”技术表现。此外，还有经过干打垒分层夯实土层而成的夯土墙体。孟子曰：“舜发于畎亩之中，傅说举于版筑之间。”所以当地又俗称为“打版墙”，上述两种墙体抵抗热流

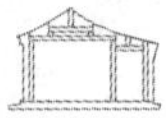

图5-1：泥墼与模具

通过的能力强，保温性能较好，而且热惰性指标极高，可以有效阻止冬季室外的冷气传入室内，又可避免室内的热量通过墙体向外散失，特别适合冀西北冬季防寒保温的要求（图5-2：夯土版墙）。所以，就算是经济条件较好的富贵人家，其宅院的砖木建筑的墙体内部也常用土坯砖作为墙体填充材料。

图5-2：夯土版墙

四、砖瓦的制作

砖瓦作为建筑材料虽然比上述几种材料出现较晚，但普及很快，冀西北地区从明代中后期开始，所有的军事城堡的城墙完全由制式城砖甃包，而且当地丰富的黏土资源及煤矿的开采为烧制质地细腻的砖瓦提供了便利条件。砖广泛地用于建筑墙体、基础台阶、室内外地面铺作等部位。有与土墼结合构成墙体的形式，也有完全单一用砖砌筑的形式。冀西北砖木结构民居的常用材料只有青砖，稳重古朴，庄严大方。青砖的大小尺寸不一，一般规格尺寸为240毫米×120毫米×60毫米，大青砖尺寸则可达到350毫米×350毫米×80毫米左右。从用砖数量与砌法可以看出各家各户的贫富差距，尤以全丁、全顺或顺丁结合的砌法造价最高，平侧结合造价其次（图5-3：青砖砌法），再次则只在重要结构部位用砖、非重要部位用土墼砌筑的“四角硬”类型（图5-4：四角硬后檐墙体），而一般的土木混合结构民居造价最为经济。

图5-3：青砖砌法

图5-4：四角硬后檐墙体

第二节　民居结构体系

一、民居建造方式

（一）木构的搭建

抬梁式是冀西北河川地带民居最主要的木构方式，以立柱承托大梁，在梁上皮向中心退一步架的位置立瓜柱，瓜柱上再承托上层短梁，梁头两端搁置檩条，直至最上层梁正中位置的脊瓜柱以承脊檩，檩间架椽，构成一榀木构梁架。每榀梁架间在沿房屋面阔方向又以檩、枋等拉结，各构件紧密结合形成稳定的整体。冀西北民居建筑进深较浅，抬梁式构架在室内空间基本无柱，柱、梁等消耗木材较多，一般为经济较为发达的区域使用。冀西北地区民居多采用“五檩四挂”（图5-5：五檩四挂梁架）、“四檩三挂”（图5-6：四檩三挂梁架）构架形式，分别对应有脊硬山顶与卷棚屋顶，如若扩大进深，则在前檐柱外再增加廊步形成檐廊（图5-7：廊步式构架）。除了个别豪门巨宅的木构件经过细致加工外，大多数民居的建筑构件仅简单处理。其中，立柱、檩及檐椽的截面为圆形，而梁、枋和各部位瓜柱的截面为倒角矩形。燕北山区民居结构近似于穿斗式木构架，构架自重较轻，选材受限较小，以不同高度的柱子直接承托檩条，柱间无承重梁，以穿枋拉接柱身，只是冀西北民居没有通长的穿枋（图5-8：近似穿斗式构架）。插梁式构架兼有抬梁与穿斗的特点，它以梁承重传递应力是抬梁的原则，承重梁的梁端插入柱身，而檩条直接压在柱头上，瓜柱骑在下部梁上（图5-9：插梁式构架）。一般而言，山面梁架为直接支撑正脊的“通天柱”，具有穿斗构架的特色。

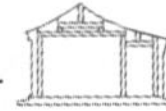

图5-5：五檩四挂梁架

图5-6：四檩三挂梁架

图5-7：廊步式构架

图5-8：近似穿斗式构架

图5-9：插梁式构架

（二）窑洞的碹砌

冀西北窑洞以独立式的碹窑最为典型，实质上是一种秸秆黏土基、土坯拱券碹制的独立式窑洞形式，属于墙体承重体系，主要集中在怀安、阳原、万全等地。碹窑相较地坑窑与靠崖窑的“因借地形”而言，平地起窑的建造过程更为注重不受自然条件限制的“人工因素”。碹窑最关键的构件是称为“辋子”的土墼，“辋子” 厚约3寸，略成弧形，重约30斤，用来碹制窑洞的上部的主体拱券结构。碹匠基于摩擦挤压的力学结构原理，利用1米宽的拱形木模作支架，将单

图5-10：辋子构造表皮

体“辋子”连接为拱券并逐层砌筑（图5-10：辋子构造表皮）。一般情况下，从后向前逐步接砌直至完成，然后将1～1.5米厚的黄土覆盖其上。为保证窑体的稳定性，碹窑边跨外侧山墙需抵抗券拱的侧推力，因此边跨拱脚的宽度加大为拱跨的三分之一左右，为0.7～1米。窑洞口之间的窑腿，宽度基本在0.4米以上，最后需用精细加工的土浆抹砌窑洞窑脸，部门窑脸前面加设一排檐柱，形成木构架称之为“披檐廊”的灰空间（图5-11：披檐廊）。此外，还有前半间为土木结构与后半间为窑洞结合的混合型住宅。共同形成的一种独特的体系。碹窑形态壁宽顶厚，营建材料经济，施工简单便捷，形成一种以生土材料为主的民居建筑体系。

（三）土平房的营造

土平房是指采用土木结合结构砌筑而成的民居建筑，屋顶形式为囤顶或较平缓的梳背顶，因为屋顶平缓显得较为低矮，墙体建造封闭厚重使得室内空间略显局促。其中，坝上多数的土平房并不设置立柱，直接由厚重的墙体承重。冀西北地区土墼房民居形式的分布范围较为广泛，坝上、坝下都可以见到它的存在，主要原因是其基于当地经济落后条件下可以有效地适应当地自然气候环境（图5-12：开阳堡土平房）。正房平面多为“一堂两屋”的布局，从房基到屋顶全部用泥土筑成并墁得整洁光平，墙体材料通常为泥墼或夯土，御寒性强；屋顶平抹碱地淤泥和秸秆调和泥以防止雨水浸露；正面

图5-11：披檐廊

多木柱式，有满面开窗和局部开窗两种（图5-13：满面开窗和局部开窗）。冀西北很多乡土民居演化自明代军户民居的“五家为伍”，讲究一字形联排式相邻排列并建，利于整体集约设计。同时，土平房不但造价低廉、建造工艺简单，而且能较好地适应严寒的气候。此类民居院落整体构成类似于合院式布局，只是略有简化，它是乡村多数普通老百姓选择的居住构建形式。

图5-12：开阳堡土平房

（四）石头房的垒筑

冀西北的燕北山区存在着大量的石木结构房屋，它的墙体和地基均选用当地盛产的石材，屋顶却是与河川地区砖木结构基本一致的硬山起脊瓦顶（图5-14：幽州村石木民居）。由于受地形经济条件限制，形成了以四合院为主，三合院为辅，略显紧凑的建筑布局，虽然保持着基本的轴线关系和主次高低之分，但与平原地区的多进多路院落形成鲜明的对比，将合院民居的院落形式与特殊的山区地势相结合，纵向单进院为主要空间布局形式，三进院较为稀少，院落形制不能完全规范化，平面布置相当灵活自由，较多采用石、木承重结构共同承重。民居造型拙朴，没有太多繁复的装饰，内外墙皮皆由当地山上的白云质灰岩、白云岩等石料砌成，内夯黏土碎石，十分坚固。庭院也由石

图5-13：满面开窗和局部开窗

图5-14：幽州村石木民居

图5-15：石阶街巷

料铺就，加之门前石阶、街巷形成石砌合院民居，体现了乡民朴素的自然环境观（图5-15：石阶街巷）。

二、承重结构体系

（一）木构架承重体系

图5-16：单坡梁架

木构架承重体系作为民居建筑中主流结构体系，在冀西北多见于富庶的平川或山地多林地区。其特点为水平与竖向承重构件均采用木材，砖石或土墼仅起围护或分隔作用，因此本结构体系外墙门窗位置、大小可以随意设置。“四檩三挂”“五檩四挂”是冀西北民居正房（厅）木构架承重的主要结构形式，同时，基本遵循柁径大于檩径，檩径大于柱径的备料规律，其中柱径可根据财力适当调整。倒座房和厢房多采用单坡梁架结构，横梁的一端搭在檐柱上，另一端与埋入侧院墙内的柱子搭接，梁上以侏儒柱直接支撑檩木（图5-16：单坡梁架）。“四檩三挂”梁架结构又分为抬梁式与穿斗式两种，抬梁式在前后檐柱上架设大柁，大柁上施驼峰或柱墩（童柱）支撑二柁，二柁之上再承瓜柱；穿斗式即前后金柱直接承托檩条，并由金柱将荷载直接传递到地面，从而省略横跨前后檐柱之间的大柁，梁架结构极为简化，因而对椽子的荷载要求较高，如卜北堡王家祖居正房前檐椽直径达到可观的15厘米。为了整体

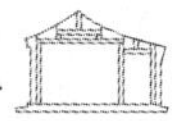

图5-17：郭家大院绣楼

结构的牢固，“五檩四挂”一般置有从地面直通正脊檩条下皮的“通天柱”，各檩条之间的跨度与椽子直径都较“四檩三挂”有所减少。部分深宅大院出于增加居住面积的考虑，或是出于突出正房地位的目的将其修成两层楼房，楼体在首层梁柱基础上利用迭架技术而建，如张家口堡鼓楼西街34号院的楼房、下花园孟家坟郭家大院的二层绣楼（图5-17：郭家大院绣楼）。

（二）木构架与墙体结合

该承重体系指的是木梁柱和墙体共同承担民居屋顶荷载，具体又有三种类型：其一，木柱与山墙承重，抽取山墙中的梁架和立柱而以墙体本身承重，而其余部位的梁架和立柱仍被保留，此类建筑的山墙外观往往较厚重，中间横跨的部分由搭在前后屋檐柱上架设的大柁架结构支撑。其二，木柱与山墙、后檐墙共同承重，即山墙及后檐墙中的柱都被墙体取代而由墙体承重，前檐墙的柱被保留，这类建筑除前檐墙外，其余三面墙体均较厚；其三，对于有前檐廊的民居建筑，若以墙体承重为主，而前檐廊檐柱实际上仅承担很少的荷载。

（三）墙体承重体系

冀西北地区在明清时期烧砖业的极为繁荣，加上木材短缺的现实状况，砖作为结构材料被大量应用于民居建设中，墙体承重体系及构造形式逐渐成熟。此外，广大贫民阶层则多使用土墼垒砌或夯土墙体作为主要承重结构。该承重体系的墙体兼具承载重力功能和围护结构作用，一般不设置落地木柱，以整体墙体代替木柱承托屋架，四面墙体均承重，但屋面水平受力构件仍用木材，檩木则直接架设在山墙上，因此也可称为山墙搁檩式承重结构体系。运用此体系的民居虽然能够节省大量木料，但由于砖石、土坯自身特性及砌筑方式等原因的限制，抗震性能稍显不足，而且房屋外观一般墙体面积大，门窗洞口皆小，不宜接受阳光辐射能量。该体系在冀西北各区域皆有运用，尤以坝上地区的生土民居最为典型。

三、民居维护结构

（一）墙体类型

青砖型：青砖墙体根据用砖量一般分为整砖墙、外整里碎砖墙、碎砖墙、包框墙四类。其中整砖砌墙规格最高，从表面来看，常采用磨砖对缝、磨砖勾缝、磨砖打缝等三种处理手法。“磨砖对缝”又称“干摆”，对于每块砖材的棱角与边缘的完整性要求极高，需用磨器把青砖磨平，砌时灌浆使砖的缝隙弥合，墙面不挂灰，整体光滑平整、严丝合缝（图5-18：磨砖对缝墙面）。“磨砖打缝”工艺相对粗糙，砌后用石灰将砖缝处理整齐，然后表面整体刷灰（图5-19：磨砖打缝墙面）。“磨砖勾缝”则指

图5-18：磨砖对缝墙面

图5-19：磨砖打缝墙面

图5-20：磨砖勾缝

砌砖时抹细石灰，对正缝，并将砖与砖之间的石灰缝勾成一条极细的直线（图5-20：磨砖勾缝墙面）。富贵人家的后墙、山墙、影壁等重要部位或明显处皆为磨砖砌墙，而普通人家使用很少，有的甚至是碎砖墙，一般是四边用新砖，中间用碎砖，砌好后中间用青灰或白灰抹好，成一个镜心。全用碎砖的情况也很常见，砌时用“插灰泥”，砌好后抹上青灰并画上假砖缝，表面光鲜但不够坚固。而关于青砖砌筑的构造方式，类型较为多样，梅花丁每一皮砖都有顺

有丁，上下皮砖又顺丁交错，虽然墙体强度高但砌法难度极大，在对于冀西北地区传统民居的调查过程中，目前还没有发现使用的案例。顺丁结合、侧立丁结合的方式在富裕人家的民居中较为常见（图5-21：砌筑方式示意），有一顺一丁者，也有多顺一丁，此外还有运用全顺、全丁、平侧结合的砌法。

图5-21：砌筑方式示意

生土型：生土墙面根据施工方法可分为以下三类：其一，在天然黄土层直接掏挖形成借用式墙体，仅指靠崖窑洞民居类型；其二，是由生土夯实的夯土墙；其三，是用泥墼砌筑而成的墙体。其中泥墼由于取用方便，价格低廉，所以被广泛地运用于砌墙之中，其不足之处是惧怕雨水冲刷，但必须在每年春天使用苒泥抹面从而延续墙壁的寿命。使用泥墼砌筑墙壁较为厚实，外墙一般可达400～500毫米，内墙也有300～400毫米，泥墼也可和青砖结合形成“里生外熟”的墙体，墙体内侧用土坯砌筑，表皮则用青砖砌筑（图5-22：里生外熟墙体）。岱土块是指在低洼地带或水甸用铁锹将草根带土挖成方块取出，由于茅草根深入土内盘结如丝，整体黏连牢固，晒干之后多用于砌筑院墙。一般在生土民居中泥墼多用丁顺、顺侧交替的砌法（图5-23：泥墼砌法），所有的坯缝都用泥浆坐浆，使砌块相互挤紧，不加粉饰的生土墙体建造逻辑清晰明了，表达出材料建构的真实性、地方性。

图5-22：里生外熟墙体

石材型：石墙按照石料形态基本分为碎石、片石、毛块石和整石四种，而施工方法大致有两种：一种较为常见，将石材与生泥浆或石灰浆混合砌筑（图5-24：毛石灰浆墙体）；二是利用垫托、咬砌、搭插等干碴技术砌筑的

图5-23：泥墼砌法

墙体（图5-25：石材干碴墙体）。碎石是一种大小不均、形状各异、较不规整的石料，在施工时按照体块分类砌筑原则，将较大的石料置于下部，较小的砌在上方，或是以较大石材为主搭筑并以小碎石填塞彼此的空隙处，此种方式一般用于较简陋的次要建筑和围墙。片石为厚薄不均的薄片状石料，其形态非常有利于彼此之间的相互勾咬与拉结，一般不再勾缝抹面，从而形成参差错落、原生自然的墙面。表面未经处理加工的毛块石和加工平整的整石，体量厚实，多用于墙体勒角和建筑基础（图5-26：幽州村民居石基）。

复合型：除非是极具经济实力的豪门大户，才会用青砖完全替代泥墼砌筑墙体。一般情况下，这种替代并不是全部，而是有所选择的。除墙体角部外，内部使用泥墼，墙体外表皮包青砖，俗称为“里软外硬”“里生外熟”。“四角硬”则是指只在墙体角部节点用砖垒砌宽度为50～100厘米不等的砖墙，用以挺高建筑四角的受力性能，其余部分为泥墼砌筑，并在泥墼墙面的表皮平抹一层厚约3厘米的“大苒泥”（将黍秆或麦秸碎段和到湿泥中搅匀即为“大苒泥”），形成对墙体的基本装饰和保护。此外，为了使墙面更加整洁美观，部分民居还会在大苒泥外表皮再抹厚度为5毫米左右的一层白石灰（图5-27：白灰表皮墙面）。第二种方法也叫“硬背”将砖侧砌贴于墙体表皮，使其面积最大的砖面朝

图5-24：毛石灰浆墙体

图5-25：石材干碴墙体

图5-26：幽州村民居石基

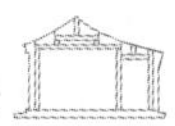

外，中间填黄泥黏结，每隔三四层侧立的砖再平砌或丁砌一层砖，砖会嵌在内部“泥墼”之间进行咬合（图5-28：硬背墙面），“硬背”墙体既讲究美观又坚固实用，同时还兼顾保温性能和节约造价成本。此外，还有改变墙体局部的复合做法，如墙基由若干层的青砖或毛石垒砌，提高墙体的稳定与坚固性，往上的主体部分则为“泥墼”，构成混合材料的墙体，既可以碎石与泥墼两种材料砌筑（图5-29：石土混合墙体），也有以夯土、碎石、青砖三种材料砌筑的墙体（图5-30：石土砖混合墙体）。

图5-27：白灰表皮墙面

图5-28：硬背墙面

图5-29：石土混合墙体

图5-30：石土砖混合墙体

（二）山墙

山墙主要指建筑主体两侧的维护结构墙体，冀西北民居山墙按照囤顶、梳背、卷棚、硬山、单坡式等不同屋顶类型可以划分多种形式，其中又以卷棚、硬山、单坡式最具地域特色。建筑山墙看面由下碱、上身及山尖三部分组成，下碱位于建筑台基之上，一般为迎合“阳数则吉”的奇数层皮砖，层数在7～15层。下碱以上的墙体称上身，约占墙身总高度的三分之二，材质或砌筑方式变化多样，除了完全由土坯、青砖或石材砌筑以外。部分民居在墙面设置包框墙，亦即墙体上身部位向内收缩一段距离，四周用砖砌框，框内略微收进称为壁心。按照壁心贴面材料包框墙可分为硬心和软心两种，其中软心包框墙是用砖或石材砌筑墙体的边框部位，壁心包框凹进内部用泥墼砌筑并且用上述的大苒泥或白灰抹面（图5-31：泥墼软心包框）。而硬心包框则是在壁心用石材或青砖贴面（图5-32：青砖硬心包框）。冀西北大户宅院受官式建筑影响山墙较为讲究，上身厚度稍薄于下碱，一般向内退进半寸至一寸，而普通家庭的民居上身与下碱交接平直并无差异。山墙最上部分称山尖，墙体两端随屋面坡度逐层均匀收进，其上端为随屋面曲线仿木构的砖作博缝板，由方砖与若干层条砖结合堆砌而成，部分民居受经济条件的限制而省略砖作垂脊并缩减博缝板，代之以平砌出挑的条状青砖作为收头（图5-33：山墙青砖收头）。山墙的两端檐柱以外的墀头一般出现在较高档次的民居建筑中，由下自上分为下碱、上身和盘头三部分，下碱与上身常用与山墙一致的丝缝青砖砌筑，也可用石材砌筑，包括垂直的角柱石及水平搁置其上的压面石（图5-34：山墙角柱石与压面石）。盘头则是山墙上的视觉焦点部位，层层出挑的砖檐和雕花的戗檐砖极大的丰富了建筑立面的艺术效果。山墙墀头上方设置挑檐木，宽度与山墙相等，高度为两层砖厚，出挑距离可达50厘米左右，挑檐木一端插入山墙之中，插入长度通常约为出挑长度的3倍，从而形成巍峨挺拔的视觉感受，而挑檐石因韧性不足出挑距离则相对较短（图5-35：挑檐出挑）。

图5-31：泥墼软心包框

图5-32：青砖硬心包框

图5-33：山墙青砖收头

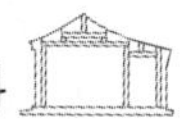

图5-34：山墙角柱石与压面石

图5-35：挑檐出挑

（三）檐墙

民居屋檐下的墙称为檐墙，根据前后屋檐位置又可分为前、后檐墙。砖木结构民居平面仅有后檐墙，前檐墙位置主要设隔置扇门窗与槛墙；而由墙体承重的民居前后檐墙齐备，并且做檐墙檐口封护。民居后檐墙仅在燕北山地的京派院落有开小窗洞的习俗，其余地区除了商业功能设置以外，一般不开窗，基本都为砖作实墙砌体。檐墙上端常见两类做法，一是“露檐出”，檐墙上端不封檐，即将后檐的檐枋、檐檩和檐椽等木构件全部外露，最高处的檐砖上皮止于檐枋的下皮，山墙的前后檐两端均伸出“墀头”，以便与屋檐的挑出相互配合（图5-36：“露檐出”檐墙）；另一种则后檐不做墀头，水平向把后檐墙直接与山墙转角连接，垂直向上由封檐、层层出挑的檐砖与后墙屋面檐口整体交接，将梁柱枋等构件包砌于内，称为“封后檐”，此种做法有利于保护木质构件并延长建筑使用周期（图5-37：“封后檐”檐墙）。

图5-36：“露檐出”檐墙

图5-37：“封后檐”檐墙

（四）门窗槛墙

槛墙指建筑正立面隔扇窗下的墙面，位置非常显眼并讲究重点装饰。高度一般在3尺以内，槛墙厚度大于前檐柱直径。槛墙从构造与装饰上来区分也存在多种形式，槛墙的简洁做法有青砖干摆并磨砖对缝，也称为“一块玉”，使用范围较广；讲究的做法在表面做“落堂式”，又称为海棠池，将槛墙的外看面中砌一砖框“池”，“池”中或砌有别样砖石，或刻画凹凸斜纹线条，或者施磨砖对缝素面，槛墙的池心部分一般在中心和四角施以砖雕装饰（图5-38：槛墙海棠池）。由于槛墙紧邻室内火炕这一起居空间，保温隔热要求十分明显，为防避风寒，基本和侧面山墙的厚度保持一致。

（五）围墙

围墙是传统民居宅院界面的主要构成元素，往往与主房（厅）、两厢及倒座等组合在一起而构成完整而封闭的院落。围墙一般作为正房山墙与两厢后檐墙之间、两厢与大门之间、大门与倒座房之间的过渡，起到连接各类建筑和确定宅院围合边界的作用。除个别特例，围墙高度一般略低于建筑后檐墙或山墙的高度。围墙上端常常用瓦片拼成“瓦花格”或用青砖砌成镂空花饰墙作为装饰，部分民居还会在屋脊不太高的建筑临街一侧上加建镂空砖墙或瓦花格， 瓦花格通透灵动、光影斑驳，衬托出极为浓郁的生活气息（图5-39：北官堡民居围墙外观）。除砖瓦花格形式外，墙顶收头做法有假檐脊饰、望垛口两种，假檐厚重端庄，使得围墙与主体建筑形态统一和谐；望垛口则追求固若金汤的意向，远望去巍然一体，具有明显防卫特征。坝上则墙低院阔，墙体界面轮廓与坝下合院差异极大（图5-40：

图5-38：槛墙海棠池

图5-39：北官堡民居围墙外观

图5-40：小砖城围墙外观

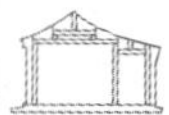

小砖城围墙外观）。

四、民居屋顶形态

（一）屋面类型

屋顶是建筑的重要围合要素之一，现存的冀西北民居主要可分为双坡、单坡、平屋顶三大类，其中又以双坡的硬山、卷棚顶为主流屋顶类型。双坡顶是一种两面起坡的“介”字形屋顶，主要有硬山顶、卷棚顶。硬山屋顶巍峨耸立，卷棚屋顶前后两坡相交之处为圆弧形曲面的元宝脊，给人以曲缓柔美之感，悬山顶则常用于二门屋顶。单坡顶有独立式与靠墙式两类，独立式指建筑后檐墙不依靠其他建筑墙体而单独砌筑，有时正脊后有一小短坡，又称为鹌鹑头（图5-41：鹌鹑头屋顶）。靠墙式单坡顶仅有前脸的一面坡顶，建筑后檐墙与其他建筑紧靠并共用墙体。在进深方面，单坡相较于双坡屋顶略短，因而可以适应不同尺度的院落布局。同时，单坡顶后墙高耸有利于院落安全防卫又可节约木材。梳背、平顶等屋顶形式则多见于土坯房，仅设小角度的排水坡度，屋顶平缓大大压缩了建筑体积，非常利于冬季的防寒保温（图5-42：各类民居屋顶形态）。

图5-41：鹌鹑头屋顶

图5-42：各类民居屋顶形态

（二）铺瓦方式

冀西北民居屋面用瓦主要有半圆筒状的筒瓦与弯凹板状的板瓦，而铺瓦类型则有三种。最简单的是单瓦屋面，不设盖瓦，亦无滴水，只铺一层凹面向上的仰板瓦，用料经济实用，外观朴素大方，但等级较低；然后是合瓦屋面，指底瓦和盖瓦都用板瓦的屋面，下层瓦缝上再盖一层瓦，位于檐口的最后一层为花边瓦头；最后是筒瓦屋面，以板瓦做底瓦，筒瓦做盖瓦，并在檐口处设置滴水与筒瓦勾头收尾。此外，还存在大量没有铺瓦的土坯民居。燕北山区受京郊的风格影响，大部分民居多为单瓦，少部分为合瓦。当然，单瓦区的民居常常会在财力充足时变为合瓦、筒瓦。筒瓦作为当地最基本的铺瓦方式，在冀西北坝下地区广泛存在，多为讲究的房屋（图5-43：铺瓦方式）。即使最为简陋的民居只要筒瓦铺顶，较少发生改变和退化，似乎不受财力支配的地方法则。

图5-43：铺瓦方式

（三）民居屋脊

屋脊的作用除了遮盖屋顶转折处防止雨水渗漏以外，同时也是屋面装饰的重点部位。正脊草砖或陡板上一般雕刻花纹图案，两端常置鸱吻作为收头。在深宅大院中，正脊垒叠装饰的极为讲究，但在普通民居中则特别简单，覆盖两三陇板瓦便可作为屋脊。一般规格的正脊自上而下分别为扣脊筒瓦、条形草砖、陡板、条形草砖、挂瓦条、盖瓦，纹饰繁简适度，具有较强的视觉效果。而山区民居一般不在陡板或草砖上雕饰花纹，正脊两端有弧面砖和条形草砖垒叠的收头，且略高于中部脊高，屋脊弯崇，整体古朴素雅。卷棚屋面正脊为圆弧形的“过陇脊”，由弧状“罗锅”筒瓦和“折腰”板瓦构成脊顶。垂脊在经济较好的大户人家十分讲究，垂脊脊身从下往上分别由瓦条、长条混砖、扣脊筒瓦组成，端部以雕花勾头或垂脊端扭头等封闭瓦口。

第三节　门窗的形态特征

一、宅门和仪门

宅门通过标志性的形式作用于外部空间，实现了院落与外部街巷的内外空间转换，并与建筑墙面形成鲜明的对比或突出的空间方位。宅门作为宅院空间序列的起点和引

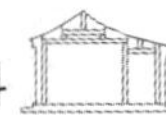

导，也对空间领域进行限定，以内外空间的中介、转换点身份支配着人类出入宅院的活动并强化安全性，同时宅门的建筑形式、建造工艺及装饰装修都代表着宅主的身份与地位，成为宅院的门面形象，甚至在一定程度上决定着整个宅院的总体布局。

宅门类型有多重划分标准，本书根据建筑形态及与其他建筑物之间的关系分为三类：屋宇式、独立式、贴墙式。屋宇式大门既可与倒座结合也可独立设置（图5-44：硬山屋宇式大门；图5-45：卷棚屋宇式大门），冀西北晋风民居一般采用类广亮大门

图5-44：硬山屋宇式大门

图5-45：卷棚屋宇式大门

的形式，但大多数宅门屋顶相较于倒座房而加高，以示体量方面的凸显和强调。大型合院的宅门尺度阔大，开间宽度不小于3米，比如东、西楼房院的宅门开间均为3.3米。屋宇式大门在雅致古朴的倒座檐墙或围墙衬托下十分凸显，在连续的街景中呈现出巍峨生动的韵律（图5-46：屋宇式大门街景）。与屋宇式相比，独立式宅门讲究以灵活的小尺度空间取胜，出檐较浅，主要有两种形式，一种是砖木式，又分为有落地柱支撑和挑梁承托垂莲柱两类（图5-47：落地柱独立式宅门；图5-48：垂莲柱独立式宅门）；另一种是砖仿木式，多用青砖摹仿木结构的垂花门头，梁枋多层相叠，雕刻极尽精美（图

图5-46：屋宇式大门街景

图5-47：落地柱独立式宅门

5-49：砖仿木独立式宅门）。“贴墙式”顾名思义是基于外部墙体贴墙建造雨罩（图5-50：贴墙式宅门），从表现形式来看又称之为门罩式，即用木构或青砖仿木结构形式罩在门洞上，遮阳避雨的功用已经弱化，蜕化为纯粹的建筑装饰（图5-51：宅门门罩）。部分大宅两侧墙壁做成八字形，使得入口在空间和形式上变得更加丰富与气度不凡。

图5-48：垂莲柱独立式宅门

图5-49：砖仿木独立式宅门

图5-50：贴墙式宅门

图5-51：宅门门罩

大户人家的“仪门”多为木柱门楼式，小户人家多为简单的砖仿木式，出现在多进或套院中的院落之间的空间转化接合部。木柱门楼式仪门屋顶形式为悬山卷棚或硬山，砖木承重，门两侧以短山墙与横向墙体连接，形态接近垂花门，但又无垂柱。进深可达3米左右，多为三架梁。一般在内院一侧作屏门，平时关闭用以遮挡视线与屏蔽恶煞，进门可从左右走进内院。砖仿木式内门全部利用砖材模仿木构建筑，尤其注重斗拱额枋和梁架椽木等门头效果，雕艺精湛纯熟，极其精巧出彩。

二、屋门

屋门是分隔室内外空间和各开间功能转换的木制构件，目前在冀西北地区的保存的屋门类型较为丰富，大致分为木隔扇门、普通板门与夹门三种类型。

（一）隔扇门

隔扇门简称“隔扇”，宋代称“格子门”，是建筑正立面朝向庭院方向的主要构件，隔扇门可灵活拆装，一般规格较高的民宅或房间使用较多。冀西北地区的隔扇门在多用在正房（厅）或是倒座明间，其中一膛四扇、一膛六扇等偶数比较常见（图5-52：一膛四扇；图5-53：一膛六扇）。一膛四扇则开启中间两扇，两边的两扇固定，也可以同时开启四扇。一膛六扇的隔扇门按照两两组合共分为三樘，既可单独开启其中的某一组，也可三组同时开启，室内外空间的封闭与连通形式具有丰富的多样性。隔扇门主要有三类安装位置，附设前檐廊的建筑，隔扇安装于明间的两根前金柱之间；不带前檐廊的建筑，隔扇则安装在明间的两根檐柱之间；而在明间室内设置的隔扇，又称“碧纱橱”，安装在两根后金柱之间，用以划分建筑内部空间（图5-54：碧纱橱）。因传统民居屋顶大多为坡屋顶，从地面向上至枋下皮的高度越靠近进深中间位置就越大，当隔扇位于前、后金柱位置时，则要在其上方加设固定的横披，并在横披中心的木构件上饰以彩绘或做简单的木雕花格。关于隔扇的高、宽度则根据具体开间与檐高尺寸定夺，明清隔扇自身的宽高比例基本控制在1∶3~1∶4，但作为地方性民居应具有一定的灵活度，基于对冀西北地区的调查，单樘隔扇门

图5-52：一膛四扇

图5-53：一膛六扇

图5-54：碧纱橱

的高宽比大致在1：4，甚至可以达到1：5。原因不外乎囿于开间面宽，也要追求设置多扇隔扇门的"鱼与熊掌兼得"的气派心态。

隔扇门由外框、格心、裙板及绦环板成，外框作为骨架，两边立框称"边挺"，横框称"抹头"，并分为上、中、下抹头，有六抹、五抹、四抹、三抹等区别，依功能及体量大小而异。格心通常有菱花和平棂两类，是隔扇门重要的艺术表现部分。平棂是用杈条拼接组成，最简单的是直棂，包括破子棂、正方格眼、斜方格眼、工字式、步步锦等，另一种带拐弯的叫作拐子纹，包括灯笼框、盘长、回纹等式样（图5-55：双扇平棂隔扇门；图5-56：四扇平棂隔扇门）。总体来说，冀西北民居隔扇门杈条粗大且稀疏，给人以粗犷豪放之感。菱花格心是雕刻镂空花纹做工复杂，图案空灵剔透，构成形式妙趣横生，装饰效果华丽优雅并含有吉祥寓意（图5-57：菱花隔扇门一；图5-58：菱花隔扇门二）。因冀西北民居中隔扇门制作材料多为松木，纹理相对粗犷，除个别富贵豪宅雕刻云草类花纹以外，裙板和绦环板上较少雕刻，仅为素板。整体来说，明清隔扇门上段棂条花心部分与下段裙板绦环部分的比例有六四分之规定，但个别宅院的隔扇门也并不拘泥于此，五五分隔比例也较为常见。

图5-55：双扇平棂隔扇门

图5-56：四扇平棂隔扇门

图5-57：菱花隔扇门一

（二）板门与夹门

普通板门用途较为广泛，可用于院门和屋门，虽然它们的尺寸大小会有所不同，但是，由于板门形式与构造简单，在做法上往往具有很大的相似性。冀西北板门一般用厚实木板拼接而成，向内开启。并从建筑内部用门闩固定。使用单扇板门的地方较少，板门的左右边框与门槛及门楣榫卯相连，形成主干框架，门扇由若干块矩形木板拼成，厚度为5～6厘米。受建筑主体高度和结构方式的影响，宅门的板门为了与其上的大木结构相接，一般在板门上配置花格或彩绘素板横披进行过渡。板门特点、形制和材料相似，制作工艺较简单，造价低廉、经久耐用且适应性强。因此，深受各地百姓推崇。板门便于充分满足家庭对于安全和私密的需求，如所有对外的入户门均为厚实的板门，可以有效地进行防御并保障安全；而室内门也都使用双扇板门，除了出于私密的考虑，也能很好地隔音与隔热（图5-59：室内板门）。

夹门是指被两侧的槛墙、槛窗“夹”在中间的门，夹门的位置可依据不同功能空间的设置需要而定，冀西北的耳房和两厢常用此门。此外，由于冀西北冬季气候较为寒冷，全部在生活起居为主的房间夹门外加设风门，风门多用四抹头，上段一般为权条花心部分,下段是门扇裙板部分，上下段之间多作绦环板，风门能够起到保护恒定室温的作用，而夏季气温升高后又可拆下（图5-60：隔扇夹门；图5-61：普通夹门）。

图5-58：菱花隔扇门二

图5-59：室内板门

图5-60：隔扇夹门

图5-61：普通夹门

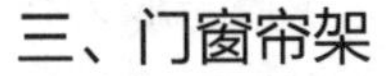

三、门窗帘架

冀西北地区的民居帘架一般附设在隔扇门或窗前端，置于隔扇门上叫“门帘架”，用于窗上的则称“窗帘架”。冀西北地区帘架框的高度往往同其后的隔扇高度一致，宽度则按两扇隔扇加边挺宽，横披的高度一般仅为隔扇高度的十分之一左右。帘架的运用与气候条件关联紧密，在严寒的冬季，依托帘架挂置棉帘可以有效避免寒风直接刮入室内，炎热的夏季，挂置纱帘又可防止蚊蝇窜进堂屋（图5-62：门帘架）。

图5-62：门帘架

四、屋窗

屋窗的位置相对固定，一般安置在正立面槛墙之上，主要有支摘窗、隔扇窗与普通木棂窗三种类型。

支摘窗是位于房屋前檐装修位置的木窗，

由可以向外挑出支起的上扇和可以灵活摘装的下扇共同构成。支窗一般为双层窗，外层为杈条心屉，内层做纱屉窗，多用于通风换气。摘窗的外层也为杈条窗，摘窗外层会在昼摘夜装，兼顾采光保暖、隔沙避风，而且实用美观，因此，在冀西北广大地区运用得相当广泛（图5-63：支摘窗）。槛窗因置于槛墙之上又俗称“隔扇窗”，形制等级较高，与同一建筑的隔扇门的样式、做法及开合方式保持一致，有助于加强建筑前檐正立面的统一感。其式样主要由裙板及上端的心屉、绦环板三部分构成，冀西北各地的

图5-63：支摘窗

隔扇窗在做法、结构上基本相似，而在心屉杈条、绦环板及裙板的造型图纹等处略有不同（图5-64：隔扇窗）。普通木棂窗由各式木棂条在窗框内按特定角度或方式排布构成的窗子，细密而精致，高宽比在5：4～3：2。木棂窗的样式丰富，在长宽比例、构图重点、繁简疏密程度等形态特征上略有区别，但制作手法区别甚微

图5-64：隔扇窗

（图5-65：普通木棂窗）。

图5-65：普通木棂窗

第六章

冀西北地区传统民居的装饰形态与表现

一般情况下，对于建筑装饰的研究大多集中在艺术形式的表观层面，较为注重依附于物质实态而存在的造型艺术。从其本质来看，建筑装饰既与特定的结构构造、地方材料特性和地域工匠技艺等物质因素直接关联，又是其时其地人民生活气息的物化载体，更多关注于传统建筑文化的地域性传承以及反映人们的精神追求。冀西北民居建筑使用彩绘装饰的较少，多以雕刻装饰为主，其中砖雕和木雕是最具代表性的，也是现存数量最多的装饰形式，而石雕损毁较为严重，遗存较好的并不多见。

第一节　民居的雕刻装饰

在冀西北传统民居中，无论是宅门厅堂、山墙屋脊，还是局部的门墩柱础，再或是照壁门头，只要条件允许皆施雕饰装饰，由于其突出的形态塑造以及物化表现，一定程度上成为主人地位、财富以及修养情趣的象征。

一、雕刻装饰的部位选择

雕刻装饰不能外化于建筑本体而单独存在，一般情况下与建筑保持着紧密的从属关系，均基于获得实际功用后又表现出本身的丰富塑造性，成为建筑的有机组成部分，如门枕石、柱础、梁头、驼峰、梁托等承重结构构件和门、窗、槅扇等围护分隔构件。民居雕刻装饰除了满足艺术感染力的要求以外，又要考虑经济节约，因此会采用突出重点、强化中心的表现手法，将装饰置之于居住建筑的重要构造节点或是最易集中视线的空间部位，如宅口、屋脊、墀头、影壁等空间过渡区域，或是挂落、额枋、门楣等明显部位。

（一）木雕

冀西北民居中的木雕装饰，以河川地区的晋风民宅最具代表性，无论是单进的小门小户还是大型的连环套院都较为普及，并重点集中在宅门、窗户等门脸部位和梁架等功用结构上。宅门的装饰部位主要包括门楣、雀替、门簪等，其中对于门楣的塑造表现尤为精彩。窗户作为院落内部空间的围合界面，有屏罩、隔扇、槛窗等多种形式，窗棂纵横交错或穿插增强了内界面的整体韵律感。而功用结构上的木雕装饰多见于额枋、雀替、梁头和挂落等处，大户人家室内梁架的柁墩也会雕琢出精美的纹饰，从而在结构、功能和艺术形成上达到高度统一。

西古堡苍竹轩一进院落的正厅明间的前檐柱上，纵向承托大柁出挑部分的牛腿状构件雕成了龙首造型，一个扁长的坐斗横向穿插，中心横向扣置瓜拱一件用以承接挑檐檩。而永宁寨65号前院正房内，大柁与二柁之间则设有装饰性柁墩（图6-1：永宁寨65号前院正房梁架）。卜北堡王家祖居宅门前檐柱上前出上下层叠的华拱三跳，三层扁长形坐斗尺寸从下到上跟随上承构件依次变大，其中底跳较短，坐斗两侧横插装饰性翼拱，第二层斗上插四档门楣，最上一跳上承梁头与挑檐枋，梁头之下的支撑构件雕有卷草造型（图6-2：宅门牛腿构件装饰）。建筑外廊或宅门梁枋结构下的

图6-1：永宁寨65号前院正房梁架

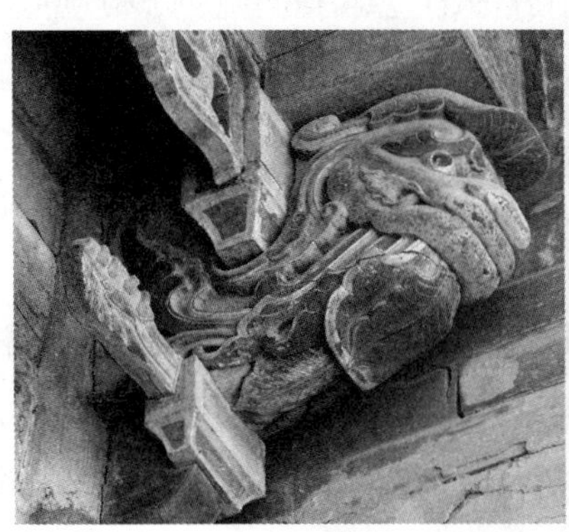

图6-2：宅门牛腿构件装饰

挂落构件常用镂空透雕和雕花板制作，丰富了上檐、地基和檐柱间构成的方正几何景框中的空廓界面，从而有助于塑造出建筑本体空间的层级变化和鲜明的装饰效果（图6-3：牛大人庄周家宅院正房；图6-4：定将军府邸厢房）。

窗与格门无论从形式、构造还是采光通风的功用上都基本一致。窗棂作为其重点装饰的部位之一，除了满足粘贴窗纸或窗花的要求外，窗棂本身通过纵横交错或穿插分割而产生方格、菱格、回字格以及万字格等几何形式，窗棂简约大气且实用性较强（图6-5：民居窗棂）；而等级较高的民居棂与棂之间装配有木雕纹样连接，甚至具备极强的写实性表现（图6-6：窗棂木雕纹样）。若配上梁柱额枋间的挂落木雕、槛墙上的砖雕图案等，构成一幅反映人们的特定审美取向的风俗图像。

街门的装饰部位有门楣、门簪、雀替等，门簪数量以2～3个为常见，有圆、方、异性3种，装饰形式多种多样，有的整体进行雕刻的，有的在纵向前端平面进行局部装饰（图6-7：宅门门簪）。雀替又称牛腿或托木，一般置于梁枋下与立柱的相交节点

图6-3：牛大人庄周家宅院正房

图6-4：定将军府邸厢房

图6-5：民居窗棂

图6-6：窗棂木雕纹样

处，主要用于承托屋檐和檩，并能够有效连接额枋与横梁，从而减少跨距（图6-8：各式檐下雀替）。从美学意义来审视，两边的雀替柔和的曲线底边以斜上的方式向中间延伸，在柱间框格中将视线引到门楣处。而门楣则是街门最主要的强调部位，往往以正立面的形式向世人展示自己，如苍竹轩街门门楣上雕饰的5只蝙蝠意喻“五福临门、鸿福绵延”，斜撑梁头的2只圆雕“貔貅”，意喻财源广进（图6-9：苍竹轩宅门门楣）。

（二）砖雕

砖雕广泛应用于民居建筑墙体、影壁以及屋脊等明显的部位。其中墙体上的砖雕一般集中在墀头、博缝上，建筑立面则多用于门洞檐

图6-7：宅门门簪

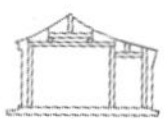

图6-8：各式檐下雀替

口、围墙、影壁等部位。

1.墙体

从正面来看，山墙砖雕装饰集中在其顶端的墀头上，常见的墀头装饰形式主要有砖雕楼阁、博古架和简易做法三类（图6-10：民居墀头）。墀头由正和两侧共计三面砖雕贴面拼砌而成，同一宅院的墀头往往取材于同一组合类型的故事神话或吉祥纹样。墀头之上的戗檐位置更是砖雕的重点所在，陡立的戗檐砖雕向下略作倾斜（图6-11：戗檐砖雕）。山墙侧面则根据屋顶形式不同分为有无垂脊两种，除垂脊外，装饰主要集中在顶部的博缝部分。山墙最上一层的垂脊一般在其两端各设一垂兽，如是硬山顶则做砖制垂花柱。垂脊以下铺一排勾头滴水并挑出于墙面，具有防止雨水冲淋墙面的作用，排山勾滴以下为两道

图6-9：苍竹轩宅门门楣

图6-10：民居墀头

砖作线脚，再下为砖面拼贴博缝，砖博风下又有两层拔檐线砖（图6-12：山墙侧面装饰）。此外，民居后屋檐顶部、山墙尖部、围隔墙头还砌有砌筑或漏或实的花砖墙与瓦格墙，花砖墙多为古钱形、盘肠形、吉字形等不同图案，瓦格墙有鱼鳞纹、水波纹、梅花纹等不同造型（图6-13：瓦格墙）。花砖墙与瓦格墙除了起到安全防盗的作用以外，更多是打破了合院墙面的几何化轮廓形式，丰富了墙体的表现力。

图6-11：戗檐砖雕

图6-12：山墙侧面装饰

图6-13：瓦格墙

2.影壁

影壁古称门屏，其位置基本依据入户之街门或内门而定，并呈对景关系，出入之际照壁往往就是视线之重点。影壁主要有独立式和跨山式影壁两种类型，跨山式影壁一般附建于正对街门的厢房山墙上，而独立式影壁按照位置属性来看，又区分为门外和门内影壁。位于院中的独立影壁，形制类似垂花门内侧的“屏门”（图6-14：民居影壁）。门外影壁作为入口空间的对景设施，不仅可以烘托气势，更为主要的是风水层面上的考虑（图6-15：门外影壁）。影壁立面主要由壁顶、壁身、基座三部分组成，壁顶仿木出檐，铺瓦、屋脊、吻兽不一而足，山地民居影壁脊均为清水脊，脊上有雕花，较为高级的影壁还在檐口下施砖做斗拱；基座考究者一般会采用须弥座的形式。壁身作为装饰的主体，主要有素作和砖雕两种，素作仅贴方砖（图6-16：素作影壁），或简单处理成浮雕形式，上书“福”“寿”等吉祥文字，样式简洁朴素。大户人家的壁心则精雕细琢，壁心作为装饰的重点部位，常常有精美的浮雕，个别壁心上设有精巧的小龛，内供土地神。基底大多用260毫米×260毫米的灰色方砖斜纹拼就并磨砖对缝，呈菱形交织状。例如，东红庙的照壁，中间形象均聚焦于照壁的四周的雕饰，并与壁心的土地祠遥相呼应，组成紧凑的视觉构图效果，体现出匠师的高超艺术造诣（图6-17：万全区东红庙民居影壁）。

图6-14：民居影壁

图6-15：门外影壁

3.屋顶

冀西北民居屋面一般铺设筒瓦，其檐口收头配饰圆形瓦当和如意舌头形的滴水，其中瓦当主要采用统一的兽面“猫头”饰样，滴水上面则多饰吉祥文字或花草纹样。硬山顶民居的屋脊构件较为程式化，大部分房屋的屋脊装有两正脊兽加四垂脊兽所谓

图6-16：素作影壁

图6-17：万全区东红庙民居影壁

图6-18：屋脊装饰

图6-19：清水脊

的“五脊六兽”。宅主级别较高的屋脊则使用立体雕饰的牡丹、菊花等造型，形态多样，栩栩如生（图6-18：屋脊装饰）。清水脊作为燕北山地地区硬山屋顶的主要形式，正脊两端高高翘起的“鼻子”，俗称“蝎子尾”，下方常缀以花草盘子雕饰，以具有吉祥寓意的四季花草为主（图6-19：清水脊）。卷棚屋顶的元宝脊似脊非脊，不涉及装饰。屋顶正脊表面由统一模度的脊块拼接而成，两端有吻兽收尾，脊块上有各式各样的浅浮雕，如祥云、草纹、鱼龙纹等，据说有灭火防灾的寓意。

（三）石雕

由于太过费工耗时，冀西北民居的石雕装饰仅见于墙腿石、柱础、抱鼓石等处。冀西北地区民宅抱鼓石主要有圆鼓形、方形两类（图6-20：抱鼓石）。柱础造型常

图6-20：抱鼓石

见于檐廊上的亮柱，以鼓形柱础为主，鼓身雕刻图案（图6-21：柱础）。墙腿石置于房屋山墙的正下方，起稳固和防蚀的作用（图6-22：墙腿石），又处在建筑的醒目位置，因此是装饰的重点部位，装饰雕刻纹样多为浮雕吉祥图案或文字，如涿鹿县狼窝村的阎家大院巷门两侧的墙腿石上刻“文光凌吉地　瑞气满善门”（图6-23：阎家大院墙腿石）。

二、雕刻装饰的材料类型

冀西北地处边塞，建筑雕刻艺术总体呈现出了浑厚、朴实的北方特征，木材少而煤矿多，在建筑材料上便尽量节省木材，多用泥烧之砖。砖雕是在俗称“澄泥砖”的青砖面上进行雕刻的艺术，质地相对石材细腻，极易精雕细琢，十分适合室外装饰。冀西北

图6-21：柱础

图6-22：墙腿石

图6-23：阎家大院墙腿石

以砖雕、砖工的水平最高，木雕与石雕其次，它和燃料的普及、黏土资源的丰富密切相关。石材作为构件，因其质地坚硬、耐磨及抗腐能力强，往往集中于一些功能明确的部位，除了承重功能以外，一些生活性或精神性构件也较为常用，比如宅门外埋置的石质拴马桩，面临街角的宅院，为了防止来自街上的“邪气”冲撞本宅，也会在墙上竖埋刻有“泰山石敢当”字样的石刻构件。

三、雕刻装饰的工艺方法

雕刻技艺早在北宋时期就已基本定型，至明清时期房屋雕刻装饰更加繁复。圆雕由于开凿较深，做工繁杂，技艺要求较高，对于普通百姓来讲，其性价比无特别优势，因此在民居中使用不多。浮雕装饰做工相对简便，在冀西北地区传统民居广泛使用，梁枋、柱础、墀头、博缝等处无不采用。漏雕即指镂空雕刻，雕刻部位贯穿，双面可见，光影穿插其间，仅限于民居雀替、门罩等小型构件，门窗的心屉棂条部分也采用类似漏雕镂空的装饰手法。它依据具体功用需要和表现内容，同时兼有上述雕刻技艺以混合使用，并以贴近生活的匠艺态度和适可而止的繁简对比形成自己独有的风格。

第二节　民居雕刻装饰题材分类

通常，由于人情风土、文脉历史及地理经济等的差异，各地传统民居的装饰题材各有侧重。同时，装饰题材的抉择也应宅主的品位要求和价值取向而不尽相同。但总体上看，共处于相同的社会文化背景和相近的地理条件下，装饰题材会基本类同，都会选择花卉蔬果、瑞兽祥禽等寓意吉祥的题材，器纹样物、宗教拜物、人物传说、文字图案等题材也十分常见，都寄寓了人们或期盼富贵如意、福寿祯祥，或追求功名利禄、出仕升迁，或宣扬孝悌人伦、仁义教化，或希冀趋吉辟邪、安居乐业的美好意愿。

花卉蔬果题材在冀西北民居中，除了“梅松竹菊”、荷花、牡丹以及寿桃、石

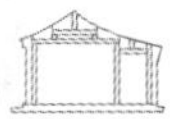

榴、葡萄、莲籽等常见题材外，装饰部位运用葵花较为广泛，此类题材形象优美且富于构图表现力。瑞兽祥禽题材中常见凤凰、喜鹊、仙鹤、蝙蝠、鹿、牛、马、羊、大象、猴子等题材，其中寓意“太平有象”的大象题材多用在象征着一家门面的宅门的梁架上，“仙鹤蝙蝠”的组合象征长寿和有福，牛、马、羊等图案更是表达了乡民对于家畜兴旺的期盼（图6-24：三羊开泰）。人物传说题材中多以“桃园结义”体现传统的忠、孝、义的美德，抑或八仙过海表达吉祥如意的美好寓意。宗教拜物题材包括盘长、佛教七宝、暗八仙等，如西古堡楼房院宅门门楣上的暗八仙图案，内容由道家八位神仙所持的法器组成（图6-25：门楣木雕）。器纹样物题材主要有琴棋书画、花瓶果盘、青铜器件等，往往同博古架一同出现，并利用音意、形意的组合方式形成趋吉辟邪的祝盼（图6-26：“琴棋书画”主题装饰）。文字题材独具特色，一字、一词、一话或一对联，或以书法呈现，或以图案展示，烘托出宅院主人儒雅的文人气质，如蔚县上宫村郭家院落倒座明间的隔扇门上的“福禄祯祥”隔心雕刻（图6-27：“福

图6-24：三羊开泰

图6-25：门楣木雕

图6-26：琴棋书画

图6-27："福禄祯祥"

图6-28："福"字砖雕

禄祯祥"），而曲长城民居上的变异性"福"字其指向则更具实用性，文字的"田"字部首用"羊"字替代（图6-28："福"字砖雕），但毫不影响观瞻，可见除了文人气质之外，从另一方面对于日常生产性浓郁的地域特点的强调。当然更多的时候，民居建筑装饰是以一种综合性的题材呈现出来，如西古堡东巷 94 号民居的宅门门楣雕有竹叶与凤凰，而门楣上方的檩条与枋木之间的三组梁托则雕成麻叶云和荷叶状（图6-29：宅门木雕）。

图6-29：宅门木雕

第三节　民居的建筑色彩

关于民居的色彩体验方面，主要从民居建筑的外观直观感受。总体说来，冀西北民居充分利用当地的资源，采用当地传统方式进行施工，色彩含蓄，较少做作多余的粉饰，从木质部件、装修到建筑物的墙壁、屋顶瓦片，整体呈现出了自然的本色。

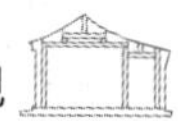

一、主体色调

首先，冀西北传统民居的主体色调由建造材质的本色决定，条砖的青灰色、木材的棕褐色、黏土的黄褐色、石材的青黄色及瓦当的黑灰色，构成了色泽基调协调统一、色彩变化丰富、明暗清晰的建筑图像，既统一和谐又个性鲜明。无论是简单的基本单位还是复杂的群体结构，都反映出沉稳厚重、低调质朴这一明显的特点。在建筑群色彩上，砖木合院民居外界面由青砖灰瓦砌筑，庭院地面青石铺砌，由于民居有限的可选颜色范围，色彩只能采用自然界中最直接的本色，整体呈现出的低调朴拙而幽雅的青灰色的冷色基调，契合的是中国强调静观的审美意识（图6-30：传统民居整体色调）。大多时候，仅刷透明清漆的门窗、梁架、檐柱、额枋等木构件以木材原色而外露呈现，体现出民居沉稳平静的生活气质（图6-31：民居本色木质）。当然，自然环境的衬托与季节的更替或许使其呈现出多姿多彩的特点。比如金秋十月，砖石宅院整体的青灰基调在明亮的金黄色、深红色等丰收性色彩的点缀下，显得格外鲜明夺目、斑斓愉悦。而土坯房屋或窑洞民居整体呈现出统一的黄色调，与环境背景基调一致，尤其是冬季在暖色阳光的普照下，画面亲切而自然，散发出勃勃生机（图6-32：怀安碹窑院落）。

图6-30：传统民居整体色调

二、局部色彩

民居建筑木作细部的色彩衬托有助于避免视觉上的单调，京风民居在梁柱、门窗、额枋部位多采用醒目的红色、绿色彩绘，色彩绚丽生动，极

图6-31：民居本色木质

具生命力。而对于沉稳厚重的晋风民宅或是原始拙朴的坝上土坯民居，百姓则充分运用艳丽的窗花来进行装点，使得原来单调的民居呈现出活泼温馨的生活氛围。冬季的冀西北气候严寒，万物肃杀，草木退藏，此时，温暖的火炕成为人们活动的中心，二尺高、数米长的炕围画题材广泛，有壮丽山川、历史传说、年谷顺成、吉兽瑞鸟等多种类型，用色大胆，色泽艳丽（图6-33：炕围画）。紧贴火炕的窗花上，贴窗花与彩纸就是民居最常见的美化手法之一（图6-34：窗户装饰）。窗花图案更是丰富多样，其中以蔚县窗花最具特色，题材大多取自戏曲人物，或是取自花草鱼虫、飞禽走兽等一些吉祥形象，还有一些是取自对现实生活的描绘，加之其红红绿绿的角隅形状的彩纸，贴在白色的窗纸或透明的玻璃上，显得格外引人注目（图6-35：碹窑院落色彩点缀）。

图6-32：怀安碹窑院落

图6-33：炕围画

图6-34：窗户装饰

图6-35：碹窑院落色彩点缀

第四节　装饰创作的意念与心态

一、装饰创作的意念

冀西北地区民居建筑装饰并不苛求图形或图像的写实性效果，大多来源于现实的题材均会被提炼至抽象变形的状态，比如比例的改变、大小的调适等，最终目的直接指向如何凸显装饰主题，夸张的方法作为必备性手段使得装饰效果明朗化、艺术化，给人以深刻的印象，其创作手法类同于当地蔚县剪纸的构型特质，匠师抑或艺人打破生活实物的法式约束，一律基于创作个体的情感理念表现出更自由的造型艺术形式以及对于美好愿景的期盼。虽然建筑装饰在造型上也许会不太严谨、做工上略显粗率、色彩上不够绝对调和，但却保有大胆创新、生动绚烂的创作状态，整个民居雕饰风格体现出的是底层普通百姓喜闻乐见、拙朴活泼的山野风格，集中表现出专注生活、乐观淳朴的精神追求。从建筑美学的角度来看，抽象自由的装饰主题构成，随意率直的装饰形式表现，加上无所拘泥的比例关系和细节，从而形成旨在表现动态的传神写照。朴质凝练的造型、厚实稳重的图案，粗犷甚至略显“笨拙” 的雕刻线条，恰好反映了冀西北人民直率与淳朴的性格特质。

二、装饰创作的心态

（一）对人与自然万物和睦相处的祈盼

在传统农耕社会中，生产力水平不高，人们只能把生活的希望寄托在四季的风调雨顺上，也寄托在家族人口的繁衍与健康上，这就使得百姓对天地神灵的敬仰和各路神仙的崇拜之情表现得尤为突出。人们认为自然界中的大地山川、日月星宿、风雨雷电等背后皆有某种不可知的力量存在，将其人格化并希望与其和睦共处的观念的根深蒂固，最终发展成为建筑装饰的丰富题材。民居建筑雕饰中广泛运用的自然山水、鸟兽鱼虫等题材，可以理解为是对道家讲求的“师法自然”观念的运用。

（二）对“儒、释、道”传统观念的体现

儒家的礼制思想讲求宗法与等级制度，提倡父慈子孝、男女有别、主宾相异的社会秩序，装饰题材也透露着对传统伦理道德教化的遵循。装饰除了在带给视觉感官上的愉悦外，同时更注重在精神上起到潜移默化的“寓教于乐”的教化作用，完成“成教化助

人伦”的教育目的。此外，佛、道两家也会对装饰题材起到一定的积极作用，道家的八仙人物或佛家法器是民居装饰中使用率较高的题材。而土地神作为实用性较强的神祇，在百姓心中的地位却非常高，影壁壁心刻有的“土地祠”，正是农耕时代靠天吃饭的现实反映。

（三）对平安富贵生存状态的向往

在民居的建筑装饰上，向往着和祈盼未来的乐观精神并不是直观表现的，而是通过象征的手法展现给世人的。不论是动植物、器物、传奇故事或诗词楹联，都因为使用者对物象本身赋予全新的精神内涵而广为使用。这种内涵的产生一般有两种来源：一是物象本身具备的某种积极特质，二是物象名称的谐音具有美好的象征意味，如民居装饰均较为常见的蝙蝠、鹿、仙鹤就分别利用了象征的手法代表“福”“禄”“寿”的寓意（图6-36：五“福”临门），其中前两者是利用本身同音异义的谐音来表达百姓的良好意愿，而仙鹤人们是利用其自身高雅吉祥特质来象征长寿的，在宝瓶中插入三支戟，象征“平升三级”等。

图6-36：五“福”临门

第五节　建筑装饰的表达手法

一、装饰的形式表现化

对称作为审美形式的主要类型，在适用于民居装饰的单一性图案上非常普遍。无论是左右还是上下对称的结构关系生发的稳定内在力量使得装饰图案的重心平稳舒缓、秩序整齐规律，给人以和谐稳定的心理感受。当然，对称形式并非完全追求绝对对等与不差毫厘，在适当情况下，图案内部的构成元素之间也会具有一定的差异，但只要它的基本因素之间保持着整体的对称性或某种内在的呼应关联，在整体结构上就能够呈现对称形式的秩序美。均衡图案则在构成方式上显得生动活泼，更富于自然情趣的表达，相较于对称少了些呆板和了无生气（图6-37：永宁寨民居门楣装饰）。为适应民居建

图6-37：永宁寨民居门楣装饰

筑结构与构造要求，图案讲究单元纹样重复出现而形成视觉上的节奏和韵律，具体图案有结构紧凑、节奏平稳的几何形规则图案，有跌宕起伏婉转、动感十足的自由形图案，也有以基本单位上下错落排放而构成的波浪形连续图案。

二、装饰的符号象征化

民居装饰作为物化载体是建筑符号文化最直接的体现，尽管其表意手法是多种多样的，但一般来说，传达人们思想感受的通常手法是象征性的隐喻。常用的符号表达有音意、形意、音形并致三种。音意主要就是以音寓意，以某种常见的实物来获得一定的符号象征。例如，以梅花鹿与仙鹤表示“禄寿同春”（图6-38：“禄寿同春”），以石榴、葡萄表示多子多孙，以蝙蝠、仙桃表示幸福长寿等；形意主要就是用直观的形象表达长久以来固定下来的熟知特定内容，比如以牡丹表示富贵、莲花代表高洁等。对于一些内容复杂、多义性的表现题材则采用音形并致的方法，例如在宝瓶上加如意头表示平安如意等。葫芦与“福禄”二字谐音，又是八仙的法器之一，还象征多子多福，《诗经》中就写道“绵绵瓜瓞，民之

图6-38：“禄寿同春”

图6-39：戗檐砖雕

初生”。总的来看，象征形象与意义是有机统一的，另一方面，象征意义又必须超越统一性，同时具有普遍的情感形象和精神意义。冀西北民居就非常注重装饰的象征意义，如装点民居的蔚县窗花，在夸张中求真实，在变形中求神似，在简洁中潜丰厚，在纯朴中透意趣，民居真正成了自然与生活图景的完美结合（图6-39：戗檐砖雕）。

三、装饰的再现程式化

作为非建筑语言的绘画、雕刻可以采用具象的表现形态模拟真实的有机形象，所表现的内容可列入“艺术再现”的范畴。而建筑装饰作为房屋构筑物本体的附属，在一定程度上也强调技术和艺术的结合。因而，建筑装饰艺术表现需要一种简化了的、概括的形态和结构，并非写实，比它们原始造型更为精练、突出特性并被程序化，然后再通过这种简化了的主题形象来表达一定的思想内涵，以上就是一般的程式化的继承，即一些事物会被固定的特指某种吉祥意义。例如，“八仙”祝寿的主题图饰虽然可以通过雕刻的方式进行写实体现，但囿于造价的高昂以及家庭经济条件的限制，冀西北的木雕或砖雕很难表现其过于复杂的形象，所以多采用八仙所持的法器暗合“八仙”来表达祝寿之意。同理，表达文人士大夫超凡脱俗的生活意境的装饰主题，则可以用简化了的竖琴、棋盘、书函、画卷来表现。总体来看，以人物题材作为装饰纹样或是利用题字来追求“诗书画印”的相对较少，与当地经济财力相对不足、“文人武化”的追求紧密相关。

四、装饰的交融组织性

建筑装饰除了表征当地居民追求幸福生活的强烈愿望外，同时也追求一种综合性、高层次的价值取向，用以体现时代的特征和思想的变迁。例如，冀西北民居通过一个特定的具体情节场景的叙事来进行装饰的表现手法，把画面中的图景有条理地组织在一起，使之产生情趣感，并如电影定格一般，极具叙事之感（图6-40：张家口堡民居宅门木雕），比单一的具有固定范式的表达更能打动人，装饰效果更为丰富强烈而持久，表达的是所谓的“心像经验”，民间艺术家们把动物、植

图6-40：张家口堡民居宅门木雕

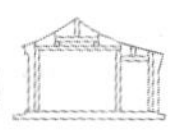

物和装饰纹样等多种视觉形象填塞在一起，构成一幅幅满、密、全的包罗万象的图像。近代雕刻艺术逐渐摆脱了封建社会的严格等级限制，工匠们打破束缚想象力的桎梏，他们将中、西方不同的建筑装饰语言进行融会式表现。而在建筑装饰风格上，既具有传统官式气息、地域风格，又融合西方建筑的装饰元素。万全高庙堡小砖城宅门的立面雕刻兼有中国传统装饰元素与欧洲巴洛克的装饰语言，雕饰图案中既有梅花、荷花等中国传统常见的雕刻内容，又有异国情调的门头与绶带图案，互不关联的装饰被融合在一起，是对建筑界面与构件进行的改革尝试，给砖雕赋予了新的内容和生命，呈现中西合璧的建筑形态，这种超时空、跨地域的装饰表现，展现出了一种特有的艺术创作思维方式和构图法则（图6-41：万全小砖城宅门山花雕刻）。

五、装饰的原生建造性

建筑装饰就其本原的生发过程以及最初形态来看，是在充分理解构造逻辑，注重发挥材料本性的过程中自然而然裸露出的“装饰性”美感，换言之，大多原生性建筑的装饰并没有外化于建造本体之外，只是基于建筑构件加工的自然流露。此时，也不可避免地获得了特殊的“装饰”意味。在一定程度上，建筑装饰进行表达的途径就是运用原生性材料构成抽象“装饰物”的过程，从而建筑装饰必然依附于建造逻辑。

窑洞与土坯房从不隐晦自身的生土形态特征，追求材料本体、技艺自身的表现形态来反映其物质本质。生土作为围护、承重和装饰材料的统一体，凸显出内外统一的空间，“装饰美”不可避免地包含着技术合理、逻辑严谨与形式美的和谐统一。尤其是适应与抵御外部较为寒冷的气候的处理方式可诱导民居对环境的适应性，移民之始，广大的底层劳苦大众基于地域贫乏的物质资源与地方材料而营建的建筑空间，却无意中对生活习俗、艺术审美、生产方式产生了多角度的回应，并使其功能、结构与装饰相结合，表现出了完整的统一性。建造原则讲求经济实用，只在于建筑材料的直接修饰，反映出来的装饰艺术

图6-41：万全小砖城宅门山花雕刻

概念极为朴素自然（图6-42：原生材料围墙）。例如，冀西北的碹窑充分利用当地生土资源，整体色彩以土黄色为基调的整体色彩肌理，犹如从大地之中生长而出，在当地的杨木、柳木、榆木等的衬托下，原色的土、木与石显露出浓浓的乡土味道。而坝上土坯房则是以一种实用性的原则嫁接在坝上的土壤上，土墼墙体、草皮院墙、石材根基通过不同的砌筑方式，丰富了生土的装饰语言表达，强调出肌理组合的整体效果，封闭厚重、质朴苍茫的刚性生土外形与晾晒的农作物或柴草的院落柔性景观组合在一起，形成一种别样的审美特征。

图6-42：原生材料围墙

第七章

冀西北地区传统民居的风格溯源与近代演变

第一节　横向比较——周边地区建筑风格及其渊源

在历史发展过程中，由于行政区划、地理单元、文化板块、移民事件的原因，冀西北地区的传统民居受到了来自周边地区的影响，形成晋风、京派、蒙韵三类民居建筑文化圈。

一、晋风民居建筑

冀西北紧邻晋北，不仅在地理气候、文化民俗特点上也有着很大的相似之处。北魏时期，晋北和冀西北的西部地区基本上同属北魏都城畿辅范围之内，这就使得晋北与冀西北的本土文化有着非常相似的特点。明代，晋北和冀西北同为军事重地，宣府镇与大同镇军事防区统称为“宣大”，并置“宣大总督”管辖，各个军事城堡内的军户民居也呈现出一致性。冀西北的晋风民居广义上来讲应属于山西民居的辐射范围，早在明末时期，山西商贾就开始聚集其时的冀西北中心城镇张家口堡，并以此为大本营定居设店从事对蒙贸易。在相互往来频繁的商业贸易过程中，当地民居建筑不可避免地受到山西晋风建筑的极大影响（图7-1：高庙堡小砖城乔家宅院及局部造型）。

冀西北的河川地区基本呈现出以晋风民居为主的聚居状态。其中蔚县在明清很长一段时间属于山西大同府管辖，其风俗民情也有“三晋”之遗风，而阳原、怀安、万全三县也毗连晋北，并通过发源于山西的桑干河、壶流河、洋河支流联系起来，并不存在山脉的绝对阻隔，因此，上述河川地区四县自然而然地成为了晋风民居特征最为

图7-1：高庙堡小砖城乔家宅院及局部造型

图7-2：壶流河流域郭家大院鸟瞰

图7-3：西古堡巷道街景

凸显的地区。除了地理单元、人文特征接近的原因以外，更为重要的原因在于区域之间的商业人员相互流动所带来的贸易往来与文化交流，从而形成良好的家庭经济基础并实现家族体系的凝聚，一种具有明确空间组织与多元形态特征的晋风民居应运而生（图7-2：壶流河流域郭家大院鸟瞰；图7-3：西古堡巷道街景）。

冀西北晋风民居风格的形成并非仅限于对山西民居文化的“拿来主义”，同时不可避免地会受到特定地域因素的影响，呈现出灵活多样、因地制宜的特点。其一，冀西北和晋北作为整体的地理单元，为了应对严寒气候，大部分民居基于充分的土地资源发展出宽敞方正的院落，以便充分接纳阳光与热量，长宽比率一般在1：0.7～1：1.1，和晋北民居极具相似性，如山西新平堡马芳府邸（图7-4：天镇县新平堡马芳府邸平面）、牛大人庄周家宅院（图7-5：牛大人庄周家宅院平面）、新平堡王家偏院（图7-6：新平堡王家偏院平面）、白中堡方院（图7-7：白中堡方院平面）。其二，城堡界墙提供安全性的同时必然会对城堡内的宅基做出限制，民居营建必须经过合理的筹划与安排，来调和有限的地皮与家族人口规模之间形成的矛盾。另外，城镇商业经济因子刺

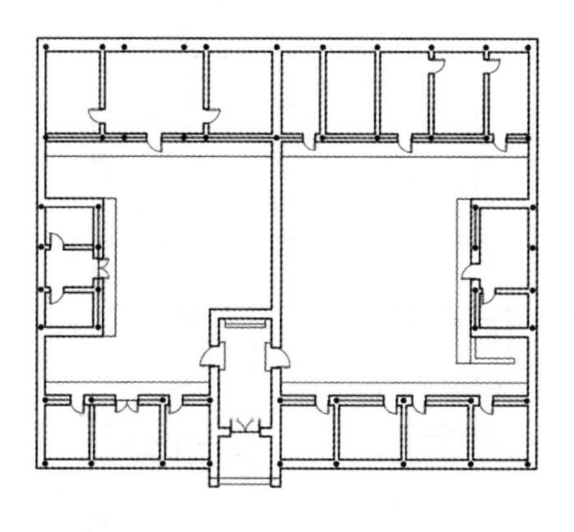

图7-4：天镇县新平堡马芳府邸平面

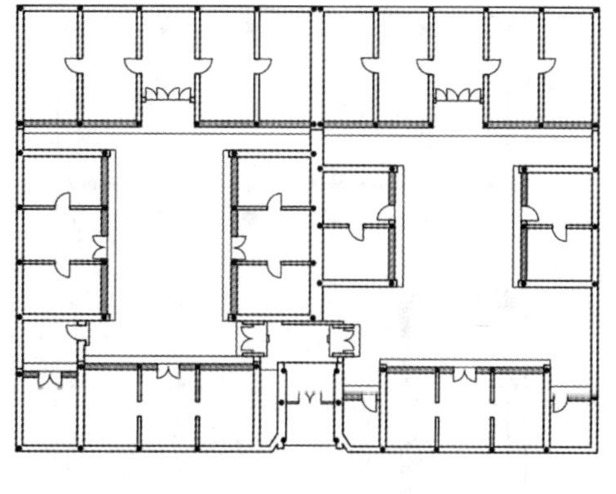

图7-5：牛大人庄周家宅院平面

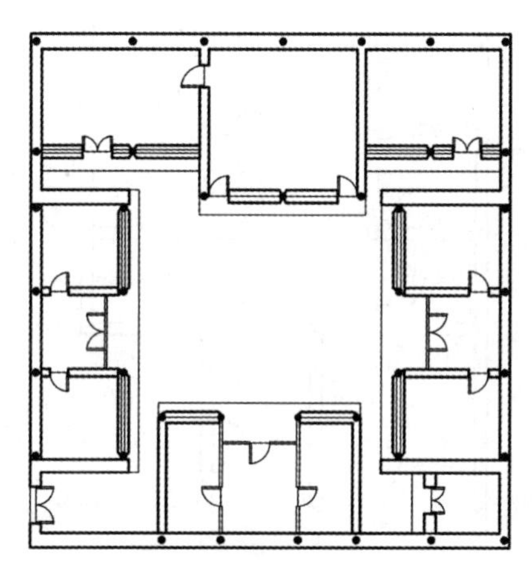

图7-6：新平堡王家偏院平面

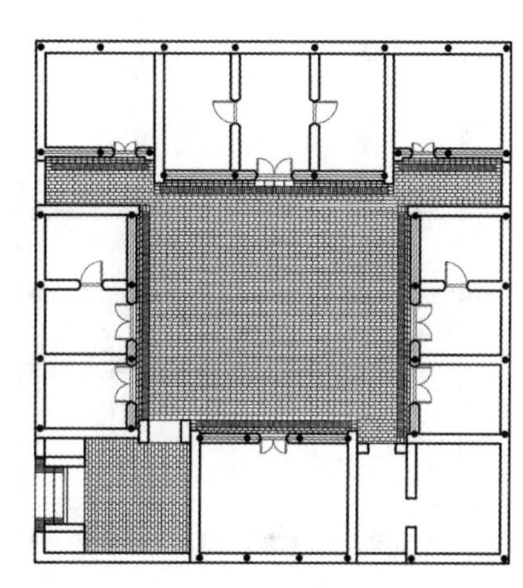

图7-7：白中堡方院平面

激下而导致的人密地狭，不可避免地会以牺牲一定的民居舒适性为代价，虽然非一般性必然样式，但也集中体现其特色所在，如张家口堡鼓楼东街7号院长宽比率达到5.5：1（图7-8：堡子里鼓楼东街7号院平面），锦泉兴巷3号更是达到了惊人的6.4：1（图7-9：锦泉兴巷3号平面），其宽长比率倍数早已远超晋中流行的宅院。其三，囿于地形因素的限制，在长宽比率较小、面阔基本不变的情况下，主要集中表现在进深方面的明显缩减，而并不存在介于上述两者之间，如溪源村支家大院的前两进院落（图7-10：溪源支家大院院落平面）以及怀安丘陵地带的靠崖窑院（图7 11：怀安靠崖窑院）。

当然，单纯依赖平面形态或是纵横比率的归类最终并不能指向院落形态的真实空间感受，也不能决定其在人的具体尺度下的生活居住空间的围合属性。但从本质上来看，冀西北河川地区的传统民居从属于山西风格并保有大部分的晋风特点，基本形成两地之间民居的空间同构现象。为了兼顾保暖和防止风沙侵袭，宅院内部前檐墙墙体厚实，宅

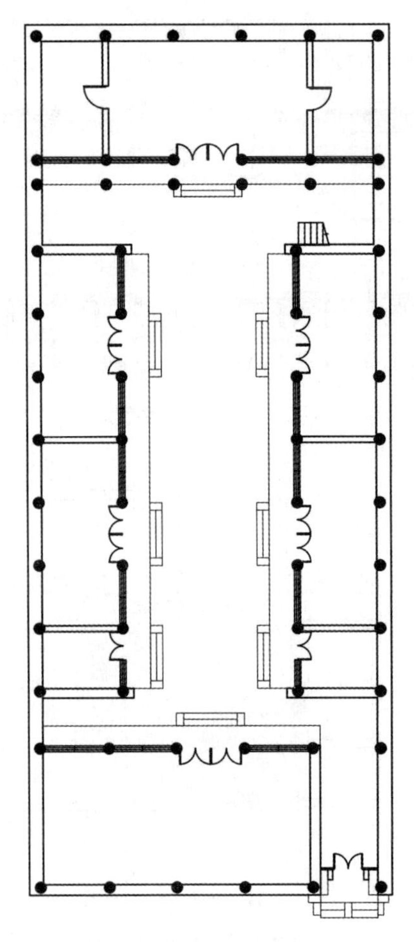
图7-8：堡子里鼓楼东街7号院平面

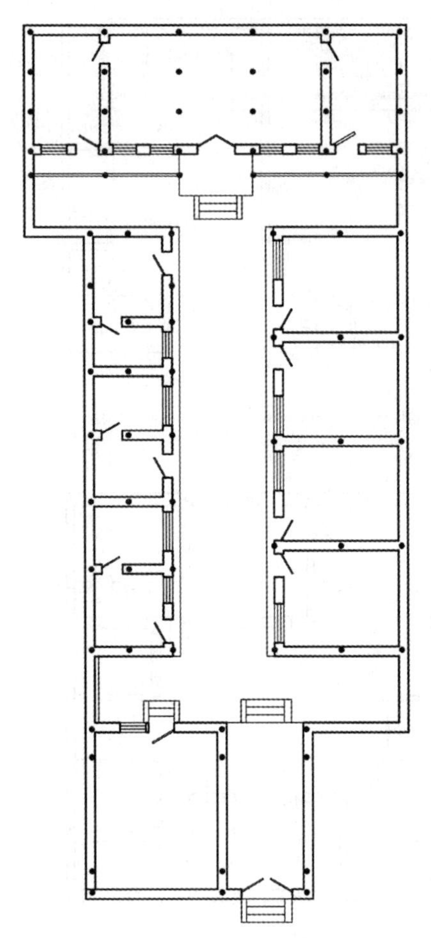
图7-9：锦泉兴巷3号平面

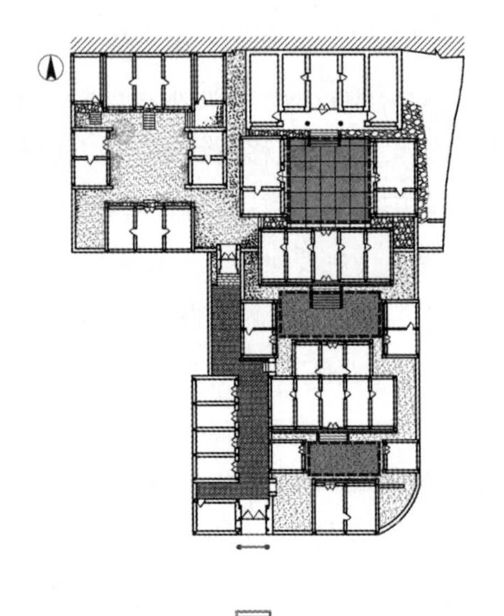
图7-10：溪源支家大院院落平面

院的门窗宽广、形制单一，形成了简练雄浑、古朴炫儒的宅院气质（图7-12：西古堡苍竹轩内院）。而宅院外部建筑风格尽量彰显富庶、注重门脸的体现，院中套院，三重九叠，表现出一种势与王公贵族府邸比高低的心态（图7-13：西古堡董家套院外观）。再如万全高庙堡的小砖城，除了大门入口外，宅院四周由长170米、高8米的厚实坚固砖砌墙体维护，密不透风，气势宏大，而且围墙顶部的花边仿设城池垛口形态，整体给人以固若金汤之感，折射出强烈的对外戒备与注重安全防御的社会心态（图7-14：万全高庙堡小砖城围墙）。

图7-11：怀安靠崖窑院

图7-12：西古堡苍竹轩内院

图7-13：西古堡董家套院外观

图7-14：万全高庙堡小砖城围墙

二、蒙韵民居建筑

任何民居无不打上环境的烙印，均与所在的地域环境密切相关。特定的自然环境特征越恶劣，民居受外部环境的胁迫越大，应答逆境因素的抗逆性越明确，而对于文化习俗、社会特征则表现出相对淡化的倾向，一般只存在于宏观意象或基本形态层面。

坝上地区地处蒙古高原南缘，气候寒旱，自然生存环境较内地相对艰苦严酷。民居的地域性特征集中指向于自然环境的许可性。“跑口外”的汉人移民到来之前，原有的居住形式为易于装卸、适于游牧生产生活的蒙古包。随着迫于生计的大批口里汉人移民迁徙至塞外坝上地区定居生活，现实条件要求建筑营造活动必须积极适应当地的逆境因素，并以此为一切营建活动的出发点，经历了从规避到被动顺应继而低技术主动适应的动态过程，完成适应地域环境、符合生产需要的民居建构，形成一种既有别于客居地的土著游牧文化也不同于其祖籍地农耕文化的创生文化。当然这种民居对不良逆境的适应是建立在忍受逆境的耐逆境性基础之上的，由于受较低的经济与技术条件的限制，坝上生土民居是在满足低水平的人居环境需求下，以无条件牺牲户外和部分舒适性为前提的，如冬季活动全部集中于室内火炕空间和平常高热量奶肉食的配合，虽然汉式民居从建造材料技术或建筑形态空间上皆与当地原生生活居所——蒙古包差异较大，但在适应环境的生存理念上却基本保持一致（图7-15：坝上三台蒙古营聚居模式）。

移民凭借自己印象中的祖籍地或家乡民居为母体进行脱胎移植，在院落空间、建筑形制等方面与其母体民居有着紧密的遗传关系（图7-16：蔚县凤鸣村生土民居）。同时，又根据当地资源经济、自然气候条件进行了变异与适应，并融合了蒙古族的居住文化因子。例如，最基本的民居土坯房的基本形态和祖籍地保持一致，只是院落空间从紧凑突变为阔达（图7-17：坝上五台蒙古营生土民居）。坝上民居整体以一种先减后加的模式渐次营建，和蒙古包聚居有着异曲同工之妙。“板墙”和“土”是源于口里生土住宅的一种乡土建造方式。营造一种摆脱等级秩序、独立自在的空间场所。移民之初，由于暂时没有经济能力一次完成宅院的全部，而是采用“渐建”的方式逐步进行，比如新家庭建立时可自由加长，经常可以见到多开间的拉长型正房，从而导致长辈和晚辈都居住在正房而没有等级之分，没有完全延续有利于宗法思想维护的汉式合院模式。汉地民居院落来到坝上后，功能便逐渐弱化，究其原因有二：其一，夏季的移民非常重视户外的相互交往，冬季气候严寒风烈也导致限于室内，不适宜在院落中进行活动；其二，

图7-15：坝上三台蒙古营聚居模式

图7-16：蔚县凤鸣村生土民居

图7-17：坝上五台蒙古营生土民居

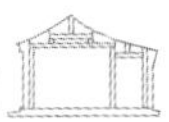

汉地移民远离传统意义上的中原地区，原先的家族瓦解、宗族关系断裂，东西厢房的必要性减弱甚至被取消，取而代之为简易的圈栏禽舍或柴木草堆（图7-18：坝上后沟民居院落），只留下正房作为单独的主体而存在。同时，民居作为基于当地贫乏的物质资源材料决定的建筑形式，无意中却对生活习俗、艺术审美、生产方式产生了多角度的回应。当地民居的囤顶外形也不再像以前那样规整和刻板，而是变得相对自然浑厚、不露棱角，在减少资源的同时有效增强了对风的抵抗能力，整体外形呈现出封闭厚重、质朴苍茫的审美特征（图7-19：坝上后沟民居外观）。草皮围成的院落矮墙既能有效保证视野开阔有利于家中监视牧群，又利于邻里之间的公共交流，同时也能够满足冬季对日照辐射的需求（图7-20：坝上土城子民居院落）。总的来说，横向迁移的汉地民居是以一种实用与经济性的原则大量嫁接在原属蒙地的坝上土壤上，强调凸显与自然相融合的理性环境意识和返璞归真的居住文化，这里反映的不仅仅是一般意义上的审美情趣，表达出在恶劣地理环境中的生存激情（图7-21：坝上民居形态）。大量如“××库伦”“××脑包”“××营盘”等地名皆取自于蒙古地名的音转，生动地体现出民居文化的嫁接特征。

图7-18：坝上后沟民居院落

图7-19：坝上后沟民居外观

图7-20：坝上土城子民居院落

图7-21：坝上民居形态

三、京派民居建筑

由于冀西北紧邻北京，在明清时期，既是边防重地又是互市所在，中央政府的意志体现得非常直接和有效，不可避免地使当地民居受到同时代的官式建筑的影响，极为强调严整的布局、规范的形式、明确的秩序。此外，也会直接套用京师四合院建筑风格进行建造，京派民居宅院宽敞，从大木构架到小式装修的材料几乎占据着整个建筑的份额，选材考究，以彩绘最为考究，雕刻较少，民居外观清新雅贵、平淡内敛，表现出简约而朴实的特征，从而形成京派民居建造风格上的内华外朴的巨大反差，如堡子里定将军府邸（图7-22）、新保安战役遗址民居（图7-23）。当然，相同的文化内核影响有时会让位于地域自然、生活等因素形成差异，比如冀西北京派合院民居只是仅在独体建筑正面设置前廊，建筑之间并不相连，与北京四合院中的“抄手”游廊不同，冀西北民居院落不设置颇占面积的游廊的原因有三，首先，要保证接纳太阳辐射的有效性，以应对当地冬季较为寒冷的气候；其次，宅基面积也不能与京师四合院相提并论；此外，也和以农耕为本的经济结构有关，在农忙时节需要保证生活性庭院向生产性场院的转化。就连张家口堡内的清代一品大员定安的将军府邸也没有附设“抄手”游廊，虽然四路二进的院落整体规模恢宏、空间规整阔达。而冀西北地区的燕北山区民居则和北京京郊风格一脉相承，百姓为了躲避战乱或是贵族圈地所逼而向山区迁移发展，村落一般错落分布于防御性较高的山谷隘口，其民居营建形式简洁，装饰性构件弱化，更加趋向实用，形成整体而不单一、差异而不散乱、古朴而不做作的山地民居特色（图7-24：圣佛堂聚落民居鸟瞰；图7-25：马水城民居院落）。

图7-22：堡子里定将军府邸

图7-23：新保安战役遗址民居

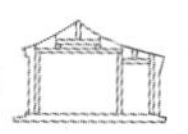

图7-24：圣佛堂聚落民居鸟瞰

图7-25：马水城民居院落

第二节　民居类型渊源

冀西北地区传统民居以契合特定地域的地理单元交叉为立足原点，基于历史发展进程中的继承性，以持久而充分的民族交融、文化交流与社会变迁为原动力发生着民居的形态流变，并在一定程度上生发出新意味的类型，主要包括类型摹仿、类型融合、类型再生与类型持续四个方面。

一、传统民居内部的类型摹仿

在冀西北范围内，无论京派、蒙韵抑或晋风民居，从各自演变和发展的角度来看，很难从完整意义上区分出上述三类民居的具体特征，也不可能绝对认定各自在独立地域进行一种完全自我意识上的纵向发展。实际上，最终指向一种地域与地域、官方与乡土以及民族与民族之间的充分融汇与交往的结果。冀西北丰富的民居建筑形态正是在具备差异性的地域之间双向流动和传播的发展中逐渐形成的。形成其间，不可避免地会出现传统民居的营建工匠和宅主对待其他地域传播过来的民居类型的摹仿，只不过这种模仿性的建造行为会局限在一定的阶层之中和地域范围之内，并不会大面积普及。对于传统聚落中的普通乡民来讲，由于受到传统社会封建正统思想的束缚，更多时候应该保持与家族内部、左邻右里的建筑类型的一致性，并不太认同建筑形态上的彻底的标新立异，只是以规模更大的民居院落集群、尺度更高的宅门门楼、技艺更精湛的装饰雕刻来彰显与众不同。然而随着近代以来西方建筑思潮的涌入，中国固有建筑体系受到巨大的冲击，甚至一些僻远村镇，通过和外界交流，也存在于建造中下意识地适度摹仿的西化情况。这种由传播而来的类型或形式在他们看来等同于外部美好世界对于当地现状的充分弥补。坝上地区的蒙韵民居除了受到特殊的地域纵向变异外力影响外，更多时候是口外移民对于祖籍地民居记忆的自身横向摹仿，不少村名还使用祖籍地的称呼，如作为祖籍地的怀安的头百户、北沙城，阳原的二马坊、化稍营等。

二、传统民居交叉的类型融合

上述按照京派、蒙韵、晋风三种类型对于冀西北传统民居的划分问题，除了在各单一类型的内部强调地理意义上的统一性，同时也指向地域之间文化交流的充分性，在差异性较为明显的类型与类型之间的交界地带也不是确定性的戛然而止，地理要素形成的界域区隔也由于位置的毗连、交通的联系极大程度上促成民居建筑文化的过渡、重叠与模糊，在文化共识与文化认同的基础上不断变化，促进了地域之间的文化传播和流动，从而建立了一种交叉式的建筑文化或风格界域，而这一文化界域之间的混合作用实际上构成了传统民居所具有的地域特性的基础。政权的更迭、军事的战和等因素直接引起大量流民和移民的迁徙，各地的风俗习惯等文化因子接踵而至并交叉在一起，固然丰富了冀西北的传统文化内涵，但商贸的流通更是建筑文化多元发展的强劲动力。以清代到民国时期的塞外商埠张家口为例，在此经商的有晋、蒙、京、冀等商帮以及沙俄、德国、法国等多国商人，张家口成为了多元文化的交融之地。尤其在张家口堡，商贾基本来自山西，其中又以晋中地区的家族式巨商大贾为多，在此世代生活居住与商业经营，个别家族甚至不下十代人，因此张家口堡成为山西晋商崛起的大本营，晋商兴起的同时三晋民居文化随即传入，张家口堡的民居大部分属于单坡出水的建筑，就是山西民居的主要建筑特征之一。由于贸易的发展，外国洋行与买办也带来了将西方的宗教及文化，京、蒙、晋和西洋等各种文化相互渗透交融，共同形成了独具特色的融合型民居建筑文化。

三、传统民居变异的类型再生

冀西北坝上地区，大规模的开发至今仅有100多年，到民国时村落星罗棋布，广布坝上。大批山西或者坝下口里的贫苦农民为生活所迫，迁徙坝上开地立村。汉地乡土社会中的“长老族长统治”在坝上的土地上演变为“能者居之”。不少村落以最先到此定居建村的人或是最有能力的人的姓名为村名，如赵恒营、刘美营、贺旺营等，也有以结合人的职业技术身份来确定村名的，如李木匠村、车倌营等。不同地缘关系的移民血缘被重组，而且没有再形成强有力的氏族关系，脱离了汉地家族的不同地缘关系的移民之间形成互助合作的关系，如坝上有不少称为八大家、八大股、十大股的村落，应是由合

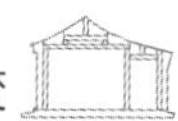

作垦荒的若干户基本单位或家庭个体而形成。而坝上民居形成之初主要是对祖籍地土坯房的横向的移植，看中的是其具有实用性、经济性与易建造性，而后在演变发展过程中则更多是变异与生长，主要讲究的是民居对于地域环境的有效适应性，更多的是以一种讲究实用、摒弃装饰的减法姿态从汉地民居中移植到坝上地区，形成一种超越单一文化背景的、既有别于客居地游牧文化也不同于祖籍地民居原型的“创生性民居建构”，最终在变异体的基础上形成坝上民居的再生。最终形成来自于祖籍地民居记忆的变异外力和坝上地区生长内力的交叉作用的地域民居文化。

四、传统民居原生的类型持续

近代以来，虽然中国在政治体制、经济结构、思想观念、生活方式等方面形成新旧杂陈、中洋交错的局面，冀西北的身处乡野的广大乡村聚落受政治、经济的影响基本较小，仍以与农业文明相适应的传统民居建筑体系为主流，近代化进程相对滞后缓慢，尽管此时民居的更新和修建仍然不断，更多的是继承和延续。近代绝大部分民居建筑仍然属于旧建筑体系，并没有冲破传统的技术体系而建立一种新的民居建筑空间体系，更为注重的是保有因物制宜、因材施用的风土特征。当然，无论是城镇还是乡村聚落，传统民居也会发生不同程度的改变，不可避免地也产生了一些西化现象和局部转变，只不过基本不涉及建筑本质的缓慢涵化。

第三节　近代演变——中西合璧建筑发展

中西合璧的建筑主要展现在商住一体建筑中，基本分为两种：一是在传统旧有的建筑类型基础上沿用、改造；二是从国外同类型建筑引进、借鉴而完全新建。洋行等商业金融机构一般采用前店后宅的模式布局，一般是在传统旧有的沿街店铺或民居等旧建筑体系基础上进行立面局部改造，并具体采用修改门面的改造方式。

一、传统民居建筑遗产形态的中西合璧

冀西北地区的城镇聚落最先出现了以中西合璧意识形态影响的民居建筑形式，成为城镇转型发展的先锋和中西建筑思想交融的结晶。主流形式是以中国传统的建筑形态为本体，建筑空间组合方式和内部结构构造形式仍沿用传统做法，只是通过吸取新的建筑材料、纹样造型和结构方法，对建筑构件、建筑立面和大门立面进行中西合璧式的局部

改造革新或基于西方标准式样的改良型设计，是兼有中西两种建筑形态交融特征的形式复合体，物质形态的背后指向的是将中西两种不同文化建筑体系的结合，彰显出对社会新时尚的附庸和追求。

传统民居建筑遗产形态的局部改变

1.中西合壁的建筑元素

（1）柱式

在西式门面的立面形态构成中，柱式是不可或缺的构成元素。冀西北的西式门面一般为连壁柱式样，门面入口的大门两侧基本为带有几何或花饰柱头的变异方形壁柱，圆形立柱极少。相较标准的西式立柱仅保持大体形态的相似性，虽然部分柱式也由柱头、柱身、柱础三部分组成，但柱子尺寸、比例和形状常会根据实际所需稍作调整，一些细部做法也仅仅只是保有线脚的装饰，强调的是经过简化或变异的本土化的式样特征（图7–26：堡子里大德通票号；图7–27：堡子里日本三菱洋行）。

（2）装饰性山花

山头是指西式门脸正面高耸于屋檐檐口的装饰性墙体，其实用价值在于替代传统民居建筑中屋脊、檐口或墀头的装饰地位。从目前的调查来看，山头上的雕刻主题倾向于

图7–26：堡子里大德通票号

图7–27：堡子里日本三菱洋行

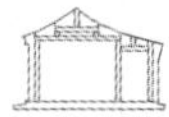

多样化纹饰，一般包括西方植物纹样或中国吉祥图案的集合，成为西式门脸装饰雕刻表现和控制立面天际轮廓的重要部位，如张家口堡鼓楼西街35号宅门中式为主的山花（图7-28）、小砖城巴洛克风格山花（图7-29）。冀西北地区西式门脸山头的形态主要包括方正形山头和弧面形山头，其共同特点讲究跌宕的几何化体块造型抑或起伏的曲线过渡形态，个别讲究门脸山头多设置巴洛克意味的装饰性涡卷。

图7-28：张家口堡鼓楼西街35号匾额

图7-29：小砖城山花

（3）中式匾额

在中国传统民居建筑中，题名、题对是提点建筑空间意韵最为有效、运用最为广泛的方式之一。悬于门屏之上的匾额题名、题对来表达建筑物名称、性质或点化建筑文化氛围、空间意境便成为了建筑物的必然组成，西式门面大多继承并沿用中国古典悬匾题名的传统做法。在冀西北地区西式门面主入口的正上方常可看到砖刻或石嵌的移植融合型中式匾额，其上多雕刻建筑的实际功用与理念追求名称，门匾和壁柱条幅上面镌刻中国传统吉祥文字、楹联或名号，如南留庄某民宅宅门的“福寿”匾额，张家口堡大美玉商号的“安且吉”以及原清代的“庆巨成”商号等（图7-30，图7-31，图7-32）。

（4）券拱门窗

券拱结构是西式建筑从古罗马时期发展起来的显著特征，在冀西北的西式门面中，券拱结构门窗框形态呈现出多元的式样，拱券、尖券、平券、石过梁等不一而足。高耸向上的尖券多位于门面立面的中轴线上，强化入口位置的重要性质。如暖泉古镇的“义成德”店铺（图7-33）；平券较为平缓，拱底至起拱线距离较短，如邢家庄某

图7-30：南留庄某民宅宅门匾额

图7-31：张家口堡大美玉商号的“安且吉”

图7-32：清代的“庆巨成”商号

图7-33：暖泉义成德商铺门脸

民居（图7-34）；石过梁即用于门窗洞口的平直衡量，为“一”字形态（图7-35：堡子里三井洋行窗户）。三心拱则较为少见，而古典拱券门洞常与壁柱结合围合成立面入口的大门造型（图7-36：李玉玺宅大门）。总而言之，拱券的使用已经不仅仅局限于它在结构方面的优势，而更多体现的是平券造型的装饰作用。

（5）“阳台”

在中西合璧的院落住宅中，二层正面带有类似檐廊但空间明显要开敞的阳台，用以作为喝茶、聊天、吸烟、休息等活动场所，被称为“外廊式样”，这种宽阔外廊的建筑，十分利于通风遮阳（图7-37：西式阳台）。形成室内空间到室外空间之间的过渡性灰空间，回廊往往不设置窗户，设置欧式栏杆，空间显得更为开敞，并不影响室内采光，张家口堡子里保存有不少的外廊式建筑。

2.中西合璧的建筑装饰

清末民初，随着张库商道的兴盛而受贸易交流的影响，冀西北地区民居建筑装饰在一定程度上已经冲破了封建社会等级制度的束缚，

本地艺匠们在近代西方主流意识的影响下，按照自己或是宅主的理解喜好，将中西方不同的建筑装饰通过体用结合的方式而融汇契合，形成特定时代的建筑艺术层面的中西合璧，其中传统建筑入口部位附设的装饰性山墙成为西式建筑装饰的重要部位。山墙上满布西洋古典装饰的变体甚至是并不地道的西洋雕刻，尤以花卉装饰、古典柱式、三角山花为主。同时也杂糅着中式的传统建筑装饰语汇。例如，万全县高庙堡的小砖城的西侧入口形态与山花立面雕刻，极具西方巴洛克的装饰意味，满布有花卉、鸟类、绶带等西式浅浮雕图案的同时，又在两侧壁柱上镶嵌着两幅以梅花、荷花为主题的竖式单独纹样的砖雕，皆为中国传统常见的雕刻内容（图7-38：小砖城西侧宅门壁柱装饰）。而鼓楼西街35号的清代大美玉商号，虽然在建筑形态上完全以西式风格建造，但在装饰上则全部采用中式图案。作为山西巨商常氏家族的著名字号，门头匾额的“安且吉”三字，出自于车辋常家庄园石芸轩书院的《石芸轩法帖》，这三个字传达了以常氏家族为代表的晋商不仅追求经商致富，还追求仕途通达的价值理念。同时，拱券门洞的砖雕图案采

图7-34：邢家庄某民居街面

图7-35：堡子里三井洋行窗户

图7-36：李玉玺宅大门

图7-37：西式阳台

图7-38：小砖城西侧宅门壁柱装饰

图7-39：大美玉宅门拱券装饰

用高浮雕手法，分内外两层，内层正中央两个基本对称的喜鹊嬉戏于牡丹连理枝之间，外层是连续图案的菊花蔓草纹，寓意连绵不断，诠释了晋商文化中追求美好寓意的生活取向（图7-39：大美玉宅门拱券装饰）。而张家口堡鼓楼东街7号院门头顶的装饰图案为“三羊开泰”，山花中心的图案为“丹凤朝阳”，门楼左右两侧壁柱照镶嵌着两幅竖式单独纹样的砖雕，左侧砖雕图案为宝瓶中插着荷花，寓意“平安和睦”；另一瓶中插着牡丹花，寓意平安富贵（图7-40：李玉玺宅门门头装饰）。除了上述同时彰显中西装饰符号互相嫁接与融合的装饰韵味以外，英国平和、美国德泰、日本三菱和俄国华丰成等国外洋行则都采用简化式样的西式山墙式样，注重的是装饰线脚与建筑形态的配合，更加具有完整意义上的异域风采（图7-41：装饰线脚）。壁柱上做若干组凸出的横线脚，很像传统建筑中墀头叠涩、墀头砖雕的处理手法，顶部的山墙或女儿墙用砖砌成，局部去砖形成镂空或实体状。体现出中西文化的融合以及与地方性民风习俗的结合。

3.中西合璧的建筑入口

建筑入口作为民居的重要通道和空间表达节点，是中西合璧建筑的重点表现区域，通常以一种拿来主义手法直接在建筑表面进行体现。

门楼造型既高且窄，建筑入口主要由壁柱、券拱和山头共同组成，部分建筑入口两侧的围护墙体则为中国传统建筑式样。建筑入口抬高的“山头”部位采用流畅的几何曲线造型来强化门面的高耸感受，并与维护墙体线脚融为一体，其余部分则多用直线直角等形态。建筑入口都采用了西方传统的壁柱式或巨柱式的立柱构图手法，左右对称砌有凸出的、贯穿立面的壁柱强化了立面的垂直动感，为了化解方直形态的单调性，山头

部位多采用几何曲线式样或中式图案加以杂糅调和。建筑入口立面采用左右对称的纵横各分三段的构图形式，横向三段由入口部分和左右对称的砖砌壁柱部分组成，纵向三段则由底层基座、中段主体和顶部山头组成。暖泉镇的义成德商铺入口采用巨柱式构图，一层为罗马式券拱入口和木过梁窗户，二层设置玫瑰、尖券窗等古典哥特元素，山头则为简化的巴洛克风格，整体具有极为强烈的“折中主义”色彩（图7–42：义成德商铺外立面）。

图7–40：李玉玺宅门门头装饰

一般而言，建筑入口的装饰元素或建筑构件以垂直轴线为基准，在组合模式上都存在左右空间对称布置的建筑构图形式。但因冀西北地区近代建筑中由传统宅院改建的情况占有较大比例，所以导致不少建筑仅在入口处形成本体对称，其所处的整体立面并不一定形成对称。建筑入口的上下空间也讲究主次有别，尤其是建筑装饰具有重上轻下的倾向，如山头浮雕、拱心石及顶冠带的锯齿形装饰及壁柱柱头部分，都是入口装饰的重点区域，虽然较之欧美本土的复杂程度有所简略但却应和我国传统民居注重门楣雕饰的理念，有异曲同工之妙，而拱券、柱身、柱基、台阶等装饰较少。建筑入口多砌圆券大门，一般在外部与建筑外墙处于同一立面，而在内部则与其他房间的进深保持一致，在大门开合之间空间深浅层次随即转换，使得“入口”精神意识与物质空间在此间得以强化（图7–43：入口空间）。

图7–41：装饰线脚

图7–42：义成德商铺外立面

图7-43：入口空间

二、中西合璧院落民居的特点

（一）外部立面的西化

冀西北中西合璧式民居主要由“西式外表立面”和“中式内核空间”组构而成，简单来讲就是在传统庭院建筑空间形态的基础上重新嫁接或植入域外的构件与元素，用青砖或水泥、水刷石仿制的具有西式风格的建筑外立面。冀西北的西式门脸立面构图类型较为单一，整体特征清晰明确，主要讲求竖向的立面构图，常常采用部分凸出墙面的方形壁柱形成立面构图的垂直分割元素，门脸壁柱部分为结构性立柱，而有些只是构图所需的立面装饰，多个壁柱左右对称，垂直排布，形成一种壁柱统领门脸立面构图的“连壁柱式”。连壁柱式门脸也十分注重建筑的横向分层，水平腰线、凹凸线脚横向延伸，且凸出的层次变化丰富，对墙面起到重要的划分作用。建筑立面竖向壁柱与横向腰线的叠加使用，使建筑更加符合西式建筑功能性的设计要求，也使视觉上的建筑更为立体挺拔（图7-44：东井集西式建筑立面）。中国传统民居建筑的外界装饰较少，极为朴素，而中西合璧的民居则开始注重强化外立面的塑造。例如，鼓楼西街35号民居，其5间二层的中式硬山顶正房临街，由于后檐墙立面通过凸出的水泥柱标示出5个开间的关系以及层数，一横一竖将建筑立面切割成小的体块，强化开间与层高之间近似“正方形”的比例关系，削弱建筑体量的同时增加了亲切感（图7-45：大美玉正房楼体后檐墙）。建筑外立面形成外向性与开放性的鲜明“外显”特

图7-44：东井集西式建筑立面

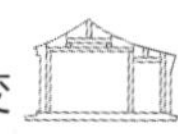

征，导致内秀外普的传统建筑性格发生转变。同时，精美的西式装饰让入口空间具有强烈的视觉冲击力与感染力，不同于传统立面处理的经验性与主观性，中西合璧建筑的立面设计呈现出西式构图与客观性。在传统民居的墙面、入口等部位附加一面“西式装饰性语汇”，或是提取符号，或是点缀西式券窗，使建筑门面形象更为突出和醒目，都是本地建筑对西方建筑的初步学习和模仿，表现出注重门面的盲目崇洋心态（图7-46：二道巷2号倒座南立面）。

图7-45：大美玉正房楼体后檐墙

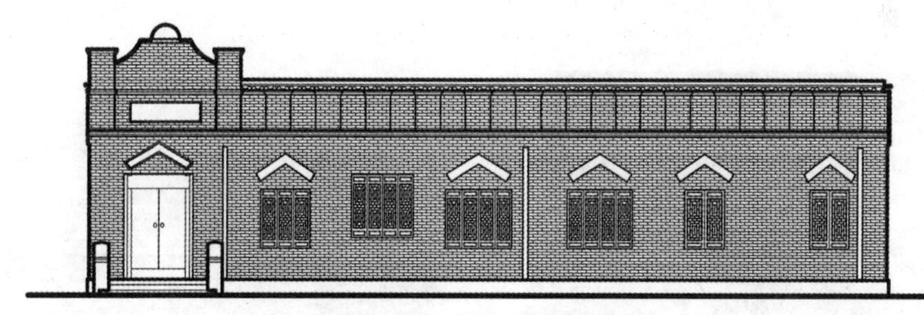

图7-46：二道巷2号倒座南立面

（二）局部构件的模仿

在中西合璧民居建筑中，一般采用对于西式构件或装饰的片段式摘取手法，如水泥和青砖柱子部分代替了传统木构架，以及门窗拱券、山花、装饰符号、横向线脚、纵向柱式等局部装饰。一方面，传统与西式做“加法”：提取西方建筑的典型元素结合在传统建筑局部上，将其作为装饰构件与木土元素融合，形成中西合璧建筑立面上新的装饰语汇（图7-47：奶奶庙后街17号院外立面）；另一方面，传统与西式做“减法”，模仿并不是完全的生搬硬套，对西式装饰元素都有所简化与融合。匠师们试图寻找两种方式之间的相似性与相融性，将传统的“式”与西方的“形”重叠起来达到完整意义的“中西合璧”。青砖

图7-47：奶奶庙后街17号院外立面

除了在立面的塑造上成为普遍的材料外，传统的木结构体系逐渐变为以砖墙承重的砖木或砖混结构体系，砖材也由原来的隔离作用变为承重作用（图7-48：东门大街21号外立面）。例如，通过砖的前后进退堆叠出横向线脚，既起到对立面的划分与装饰，又凸显建筑的硬朗与挺拔；还可用清水砖砌筑造型复杂的西式柱式及拱券，细腻的砖纹肌理正好呈现“中西合璧”。最能体现西式风情的建筑构件有门、窗框、金属栏杆（图7-49：西式窗户）。现代材料开始运用到中西合璧住宅结构中，水泥柱梁取代了部分的木柱及木横梁，由于水泥梁柱的使用，空间的塑造更加灵活，此外水刷石在柱子及饰面中的运用也比较普遍（图7-50：水刷石建筑立面）。

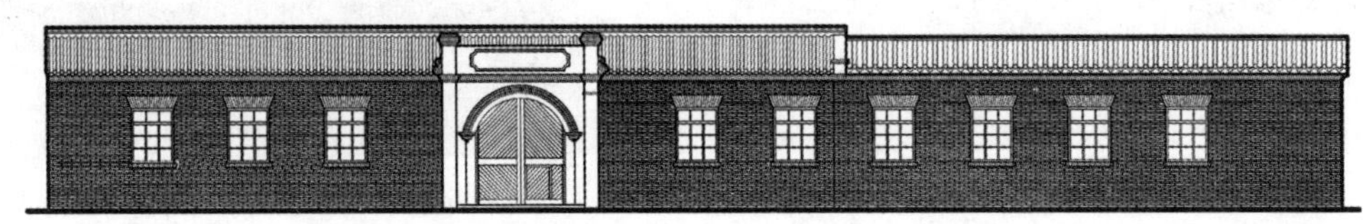

图7-48：东门大街21号外立面

图7-49：西式窗户

图7-50：水刷石建筑立面

三、中西合璧的建筑语汇特征

（一）中体西用与西体中用——折中特征

中西合璧民居建筑虽然在局部形态或装饰风格上运用了西式元素，但空间布局仍脱

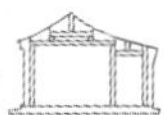

胎于传统院落的住宅形式，沿袭了传统民居深宅大院的建筑特点，中西合璧住宅的结构形式、建造方式、建筑装修等均为传统民居的直接继承，仪门或垂花门以及格子窗等，无不来源于传统做法。传统的山墙做法与西式立面之间的装饰构件没有过渡，直接撞接。在装饰纹样上，临街立面集中大量运用了西式的山花门头，内部走廊也多见花瓶柱状栏杆，窗和门上出现了砖砌拱券结构或西式线脚装饰的窗楣、门楣，部分建筑采用了当时颇为流行的水泥砌建出几何状的西式门头，建筑形成强烈的折中特征，即中西两种建筑元素在融合过程中体现出各自的“选择性”。一是基于建筑元素自身层面的折中性，即中西建筑式样的基本元素在融合过程中的变异结果；二是建筑元素组合方式的折中性，即中西建筑式样在组织界面或实体过程中所体现出的主观性。由于西式元素壁柱、线脚的广泛使用，在立面构成上具有明显的分段特征，其立面分段的主要方法是利用建筑外墙的装饰元素进行的“人为分段”（图7-51：堡子里二道巷1号外立面）。

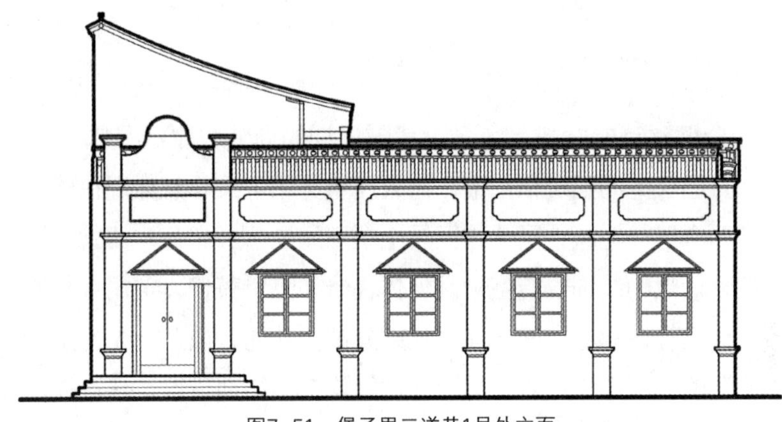

图7-51：堡子里二道巷1号外立面

（二）简化的符号叠加——混搭特征

中西合璧并不限于生搬硬套所有繁复的西式装饰纹样，建造者热衷的是将具有典型特征的元素加以提炼简化，直接叠加到现有的中式构架上，体现出高度的凝练性。西方古典建筑的各种装饰部件如三角形山花、半圆拱券山花、模仿巴洛克风格的曲线山花、西方古典柱式、各种变形的或不变形的或兼似中西的柱头、西方古典纹饰，随意取用的是作为建筑装饰素材的各种装饰部件，甚至是分解重构，与原有的中国古典建筑部件混为一体，形成亦中亦洋的新建筑风格。这些简化了的西式装饰符号与同样被简化的中式传统纹样相互呼应，造就了中西合璧建筑的独特外形。由于近代建筑包含“中国传统”与“西方外来”两种不同文化语境和构成形式的建筑基因，导致其在建筑式样上的叠加“混搭”特征。各个式样往往共同构成多式样的空间混合体，且其建造与设计过程的

“主观性”决定了式样叠加过程的自由性。使中国近代建筑在装饰式样上或多或少地“包含了‘传统’与‘西方’两种不同的建筑语汇和文化内涵，形成了具有阶段性历史特征、文化内涵和式样特点的中国近代建筑”，具有“中西合璧”的式样特征，式样来源具有明显的“杂糅性”，具有灵活自由的“混搭”特征。万全小砖城为东西并联的二进式院落，中轴对称、规整严谨，东侧入口立面为晋风宅门，而西侧则采用西式墙垣式拱券大门立面风格，折中主义的拼贴性手法表露无遗（图7-52：万全小砖城乔家宅院正立面）。

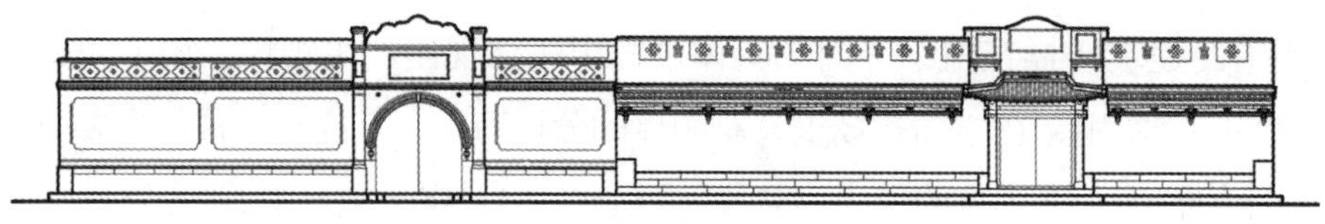

图7-52：万全小砖城乔家宅院正立面

（三）功能空间的强化——实用特征

冀西北中西合璧建筑的营建者大多为我国早期的商业先驱或是国外买办，商业文化自然体现在了自己住宅的建筑语汇上，商人注重实用主义思想体现在建筑装饰上就是做减法，所以中西合璧住宅减去了传统民居中烦琐的挂落、雀替；西式的柱式则省去了复杂的柱身凹槽，简化的装饰、造型被几何体块造型大量替代，实用主义的理念不言而喻。融入生产或销售等商业功能的居住建筑部分被“功能置换”，无论是“前店后宅”还是“下店上宅”的空间组织模式，其商业功能均在沿街面设置，建筑临街外立面在传统建筑式样的基础上直接被转化为“西式门脸”，其余界面仍为中国传统式样。它的构成一方面基于传统中小工商业者的生产生活方式，另一方面基于西式建筑传入后人们在建筑建造形式上追随西式建筑美学的心理惯性，如商业业态包含药房、商铺、饭店等，且此类式样的工商建筑并排布置，构成了式样风格统一的沿街立面（图7-53：堡子里沿街立面）。在西式元素的使用上趋于简单化、体块化，同时将西式建筑中的“巨柱式”和“对柱式”引入立面设计，并辅以线脚加以形式上的贯穿（图7-54：棋盘街4号外立面）。

图7-53：堡子里沿街立面

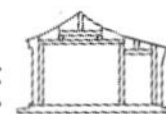

（四）砖仿石构与砖仿木构的并置——折中特征

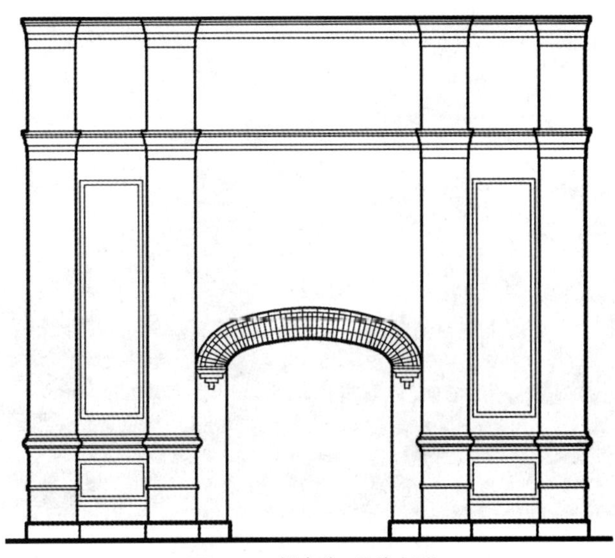

图7-54：棋盘街4号外立面

由于作为中国传统建筑主流的木构建筑的生命力持久和顽强，在近代新型建筑材料出现后，木构建筑中主要的结构形式仍然难以被取代，在西洋建筑中被广泛应用的石雕构件和在传统建筑中被广泛应用的木质梁架都以砖雕的形式加以表达，青砖因其型制灵活，可塑性强，便于摹制西式装饰。在中西合璧的建筑形态上成为糅合两者的最佳选材。例如，鼓楼西街35号民居庆巨成正门是典型的砖仿石构，门头左右侧的壁柱装饰和几何形门头皆由青砖砌建而成，色彩素雅，浑然一体。青砖雕刻线条流畅、雕工细腻、层次鲜明、造型生动。砖仿木构一般多用于仿制木做檐口或门楣。虽然二者在大多情况下并不融合表现，但砖仿石构和砖仿木构并置出现已经完全形成了中西合璧的建筑式样，表现出整体层面的折中主义倾向，从而基于地域化单一的青砖材质，形成砖仿石构和砖仿木构并置的兼具中西不同风格的建筑表现。

四、影响中西合璧建筑形成的缘由

在中国特殊的近代化历史进程中，中西合璧建筑反映了西方文化经由强行“殖民输入”到自觉吸收的变化，充分体现了社会转型过程中的矛盾性与文化交融的复杂性。西方建筑思潮的传播从沿海到内地，从主流城市到边缘乡村的走势，和传统中式建筑文化互相交织在一起。

（一）西方文化的渗透

西方文化的渗透程度对中西合璧建筑的发展有重要的影响，交通的发展、人口的流动、外侨的数量、商业繁盛、文化的发达等因素，都会影响该地民众对外来文化的接受程度，西方新思想、新观念的辐射与输入，改变着人们传统的风俗习惯，随之而来对该地区的中西合璧建筑产生影响。清末民初，张家口堡内就有44家外国商号，并形成了以来远堡、张家口堡和元宝山为主的三大商贸区。随着张家口至库伦、北达恰克图的

图7-55：张家口火车站西式建筑

电报干线的修通，以及京张铁路、张绥铁路、张库公路的通车，冀西北地区完全与全国以及世界市场联系起来，为近代城镇建设与发展带来了强有力的推动作用（图7-55：张家口火车站西式建筑），从而在中西合璧建筑中的西方元素占有一定的比重，并被大量资本雄厚的商民所效仿并逐步用以居家建宅。

（二）建造者与建造意识

建造者的建造意识是中西合璧建筑采用何种式样类型的重要影响因素之一。作为建造者的工匠，一般通过以中国传统建筑为本体吸纳西方建筑装饰语言的途径来进行局限在建筑的表皮上的摹仿学习，对西方建筑的形式和结构理解不深或根本不必去理解，而更为依赖的是这些民间营造者在设计和建造的过程中多年的审美情趣和建造经验，也使他是在具体建筑建造中根本不可能彻底摒弃地方传统建筑做法的直接原因，从而更倾向于形成兼容并蓄、自由开放的中西合璧式的民居建筑。

（三）官方意志的影响

近代官方意志对中西合璧建筑的建造同样具有很大程度的引导性作用，清末“新政”提倡西学，随着“西风东渐”及“变法维新”思想的广泛传播，官方建筑一律西化，堡子里抡才书院即为该时期采用中西合璧式样而建（图7-56：抡才书院前院厢房立面）。而在民国国民政府时期，政府提出全国人士从速研究以光大吾国之固有文化，

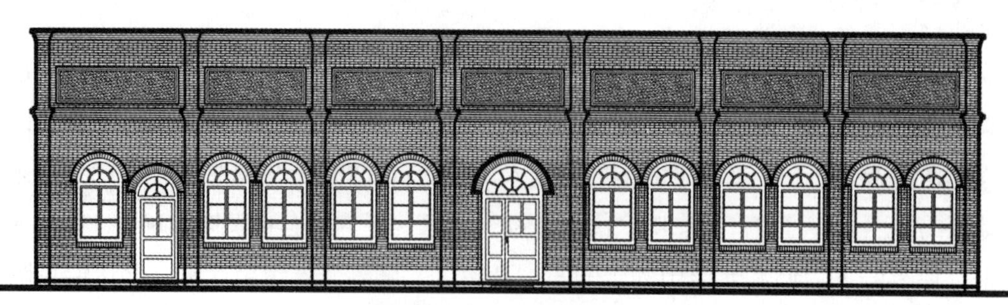
图7-56：抡才书院前院厢房立面

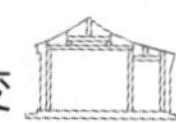

建筑以中国固有之形式为最宜，建筑界掀起了探索“中国固有形式”的热潮，具有典型中西合璧风格的中国建筑固有形式受到提倡，其基本宗旨是在接受西方现代建筑材料、技术及设计方法的基础上，复合中国的优良传统和华丽外衣，创作具有民族形式的建筑作品，这种产生并发展于特定时期的建筑，自然包含了“传统”与“西方”两种不同的建筑语汇和文化内涵。

（四）封建传统观念的改变

面对强势的西方文明的殖民渗透，近代中国在思想观念方面经历了历史上前所未有的骤变。其中绅士与官僚阶层在受到时势和自我经历的驱使开始率先转变观念，成为探索外界新风的主角和先锋，由此，也为近代建筑转型提供了思想资源和实际物质支撑，他们的府邸无论从空间布局还是外观塑造层面都被不遗余力地进行西化建造表现，继而具有强大经济支撑的工商行业，以商业建筑为代表的向西方近代建筑仿效并逐步与之靠拢的西方建筑是适应近代中国社会时代特征的形式变体，内向、封闭和表现空间意境为主的建筑审观念正发生变化，而以外向、开放和注重实体造型为主的西方建筑审美观念已经初露端倪。

参考文献

[1] 中共中央国务院关于加快发展现代农业进一步增强农村发展活力的若干意见[EB/OL]. http://news.xinhuanet.corn/2013-01-31/c_124307774.html.

[2] 刘智英，马知遥. 2014年中国传统村落研究述评[J].河南教育学院学报(哲学社会科学版)，2005，34（2）：22-28.

[3] 住房城乡建设部办公厅关于开展传统民居建造技术初步调查的通知[EB/OL].http://www.mohurd.gov.cn/wjfb/201312/t20131216_216548.html.

[4] 单德启. 从传统民居到地区建筑[M].北京：中国建材工业出版社，2004.

[5] 胡燕，陈晟，曹玮，等. 传统村落的概念和文化内涵[J].城市发展研究，2014，21（1）：10-13.

[6] 吴良镛. 地域建筑文化内涵与时代批判精神 [J].重庆建筑，2009（2）：53

[7] 王金平，徐强，韩卫成. 山西民居[M].北京：中国建筑工业出版社，2009.

[8] 王筱倩，过伟敏. 扬州传统民居建筑特征研究综述[J]. 扬州大学学报：人文社会科学版，2012，16（3）：101-108.

[9] 业祖润. 北京民居[M].北京：中国建筑工业出版社，2009.

[10] 张曦旺. 张家口特色的古民居[M].北京：党建读物出版社，2006.

[11] 刘徔. 张家口厚重的古城堡[M].北京：党建读物出版社，2006.

[12] 曹迎春. 明长城宣大山西三镇军事防御聚落体系宏观系统关系研究[D]. 天津：天津大学，2015.

[13] 杨申茂. 明长城宣府镇军事聚落体系研究[D].天津：天津大学，2013.

[14] 王月玖. 张家口地区传统民居建筑研究[D].邯郸：河北工程大学，2010.

[15] 行斌. 张家口地区传统民居资源利用研究[D]. 邯郸：河北工程大学，2011.

[16] 王婷婷. 绿色视野下的张家口地区乡土建筑研究[D].石家庄：河北科技大学，2013.

[17] 罗德胤. 蔚县城堡村落群考察[J].建筑史，2006（8）：164-179.

[18] 河北蔚县传统村堡建筑特色浅析——以白后堡村为例[J].中华民居，2013，36（12）：126-128.

[19] 戴瑞卿，胡青宇，吴海燕. 蔚县暖泉古镇环境景观空间分析[J]. 河北北方学院学报(社会科学版)，2011，27（2）：80-82.

[20] 杨佳音. 河北省蔚县历史文化村镇建筑文化特色研究[D].天津：河北工业大学，2012.

[21] 刘青. 河北省蔚县暖泉镇西古堡研究[D].天津：天津大学，2005.

[22] 辛塞波，赵晓峰，林大岵. 河北省张家口市堡子里历史街区特色探析及概念性保护设计[J]. 华中建筑，2007，25（11）：156-160.

[23] 田林，孙荣芬. 鸡鸣驿城内的古建筑与民居[J].文物春秋，2001（6）：32-41.

[24] 罗德胤. 蔚县古堡[M].北京：清华大学出版社，2007.

[25] 王新征，单军. 从徽、晋民居看中国乡土民居的复合文化意义[J].住区，2013（2）：128-133.

[26] 汪丽君，舒平，宋昆. 类型建筑学[M].天津：天津大学出版社， 2004.

[27] 常青. 序言：探索我国风土建筑的地域谱系及保护与再生之路[J]. 南方建筑，2004（5）：4-6.

[28] 陈贵. 张家口历史文化丛书[M].北京：党建读物出版社，2006.

[29] 张家口市地方志办公室. 张家口纵览[M].北京：九州出版社，2017.

[30] （民国）陈继淹修，许闻诗纂. 张北县志[M].台北：成文出版社，1968.

[31] 张家口市人民政府. 张家口年鉴2016[M].北京：九州出版社，2016.

[32] 原彪. 张家口市降水特性分析[J]. 河北水利科技，1998（4）：13-14.

[33] 李贺楠. 中国古代农村聚落区域分布与形态变迁规律性研究[M].天津：天津大学，2006.

[34] 张占贵. 张家口市水资源保护策略[J]. 现代农业科技，2014（2）：236.

[35] （元）赵孟頫著，黄天美校. 松雪斋集[M].杭州：西泠印社出版社，2010.

[36] 陈淳. 再谈旧石器类型学[J]. 人类学学报，1997（1）：74-80.

[37] （东汉）班固. 汉书[M]. 北京：中华书局，1962.

[38] 谢瑞据. 试论我国早期土洞墓[J]. 考古，1987（12）：1097-1104.

[39] （清）谷应泰. 明史纪事本末[M]. 北京：中华书局，1977.

[40] （明）陈子龙，徐孚远，宋徵璧，等. 明经世文编[M]. 北京：中华书局，1962.

[41] （明）魏焕. 皇明九边考（中华文史丛书影印明嘉靖刻本）[M]. 台北：华文出版社，1937.

[42] （明）叶盛. 水东日记[M]. 北京：中华书局，1980.

[43] 邓庆平. 华北乡村的堡寨与明清边镇的社会变迁——以河北蔚县为中心的考察[J]. 清史研究，2009（3）：19-27.

[44] 白眉初. 绥远特别区域志[M]. 北京：北京师范大学出版社，1924.

[45] （民国）金志节，黄可润修纂. 口北三厅志[M]. 台北：成文出版社，1968.

[46] 脱脱. 辽史・卷三二・营卫志中[M]. 北京：中华书局，2003.

[47] 常文鹏，王刚. 从考古学角度试论“黄帝在涿鹿”[J]. 文物春秋，2013(3)：12-16.

[48] 苏秉琦.中国文明起源新探[M]. 北京：生活・读书・新知三联书店，1999.

[49] 胡广，胡俨，黄准，等. 明太祖实录・卷八十五[M]. 上海：上海书店，1982.

[50] （明）孙世芳修，乐尚约纂. 宣府镇志（卷二十）[M].台北：成文出版社，1970.

[51] 杨馨远. 明初河北移民[J]. 寻根，2013（1）：115—120.

[52] 河北省赤城县地方志编纂委员会. 赤城县志[M]. 石家庄：河北人民出版社，2012.

[53] （民国）宋哲元监修,梁建章总纂. 察哈尔通志[M]. 台北：文海出版社，1966.

[54] (清)王锡祺. 小方壶斋舆地丛钞[M].兰州：兰州古籍书店，1990.

[55] 路联逵修，任守恭纂. 中国地方志集成・河北府县志辑・民国万全县志 [M]. 上海：上海书店，1996.

[56] 王洪波，韩光辉. 从军事城堡到塞北都会——1429—1929年张家口城市性质的嬗变[J]. 经济地理，2013，33（5）：72—76.

[57] （美）布龙菲尔德. 语言论[M].北京：商务印书馆，1997.

[58] （明）杨时宁，宣大山西三镇图说（正中书局排印明崇祯刻本）[M].北京：北平图书

馆，1930.

[59] 王巍．聚落形态研究与文明起源[J].郑州大学学报（哲学社会科学版），2003，36(3)：9-13.

[60] 沈德符.万历野获编 [M].北京：中华书局，1959.

[61] （清）吴廷华修，王者辅纂.宣化府志[M]. 台北：成文出版社，1968.

[62] （清）韩志超等修，杨笃纂．西宁县志[M].台北：成文出版社，1968.

[63] （明）尹耕．乡约[M].北京：中华书局，1985.

[64] 谭立峰，张玉坤，辛同升．村堡规划的模数制研究[J]. 城市规划，2009，33（6）：50-54.

[65] 胡青宇，康建明，戴瑞卿．冀蒙交汇区域生土民居地域性景观特色探析[J]. 南京艺术学院学报（美术与设计），2013（4）：147-148.

[66] 甄博．浅析明朝至近代晋北聚落的主流形态[D]. 太原：太原理工大学，2010.

[67] 谭立峰．河北传统堡寨聚落演进机制研究[D]. 天津：天津大学，2007.

[68] 夏邈．延庆地区传统村落风貌特征研究[D].北京：北京建筑大学，2014.

[69] 王金平. 山右匠作辑录[M]．北京：中国建筑工业出版社，2005.

[70] （民国）刘志鸿等修，李泰棻纂.阳原县志[M]．台北：成文出版社，1968.

[71] 阿摩斯·拉普卜特．住屋的形式与文化[M].台中：境与象出版社，1976.

[72] 胡青宇，吕跃东，陈新亮．基于地域交叉视角的生土民居景观传统适应性研究——以冀蒙交汇区域为例 [J]. 艺术百家，2013（6）：227-229.

[73] （清）王育源修，李舜臣等纂．蔚县志[M].台北：成文出版社，1968.

[74] 陆琦．传统民居装饰的文化内涵[J]. 华中建筑，1998（2）：120-121.

[75] 白文博．山西合院式民居不同地域形态特征分析[D]. 太原：太原理工大学，2011.

[76] 陈志华．中国乡土建筑初探[M]．北京：清华大学出版社，2012.

[77] 杨亚，史明．无锡近代中西合璧建筑的造型特征[J].山西建筑，2015，41(4)：1-2.

[78] 陈曦，过伟敏．近代工商城市的建筑式样与特征探析——以无锡为例[J].学术探索，2015(1):126-129.

后记

本书为作者2015年承担的河北省社会科学基金项目（项目编号：HB15YS074），河北省高校百名优秀创新人才支持计划（编号：SLRC2017001）的资助成果。是作者通过较为详尽的调查记录与认知体验，寻找散落在冀西北的典型聚落与传统民居建筑的阅读与分析。

也许是冥冥中自有天意，笔者出生并成长在具有两千多年历史的中国历史文化名村——开阳堡，儿幼时期经常玩耍于庙宇寺观，对于传统建筑目染耳濡；1998年暑假，又以义工的身份参与了泥河弯古人类遗址群姜家梁新石器时期居住遗址的考古发掘，虽然仅仅做了一些辅助放线的简单工作，但就这样不知其然地懵懂地产生了对于传统建筑文化的兴趣。而关于冀西北地区的传统聚落与民居研究，从2008年正式发表的第一篇文章开始，至今已近十个年头。其间在东南大学求学的过程中奠定了基本的乡土建筑理论体系和工作方法，2011年开始在教育部人文社科青年基金项目的资助下，完成了关于冀蒙交汇区域生土民居的研究，及至近四年主讲建筑设计史、中国传统建筑艺术课程。同时，经常下乡进行田野调查，造访过冀西北地区200余个传统村落，借以较为系统地学习和总结民居理论与文化，并逐步从一种被动行为转变为主动行为。

本书得以出版，首先要感谢的是恩师东南大学建筑学院赵军教授、艺术学院胡平教授，特别是面对纷繁的素材思路混乱之时，总能通过面对面或是电话交谈的方式给予我启发式的指教和鼓励。非常感谢我的工作单位河北北方学院艺术学院提供的研究平台、测绘设备，以及学院领导的关心与支持。前后持续将近三年的调查和研究，我们还得到了各方面的帮助和支持，张家口图书馆、档案馆工作人员提供的热情服务；张家口日报社摄影记者陈亮主任多次提供技术支持并充当调研向导，赤城县副县长李想、怀来县副县长郭孟良等地方主管领导给予了极大的支持；同时还要感谢许多普通居民尤其是民间工匠对我们测绘工作的理解和帮助，不仅引导指路，还要热情讲解；中国电力出版社的曹巍编辑为本书出版也付出了辛勤的工作，在此一并表示真诚的谢意。

感谢调研小组的成员，他们是河北北方学院环境设计专业2014级本科生李子达、张瑞、赵依楠、吴海涛，2013级本科生吕哲、翁皇，2012级本科生臧建豪、杨波、郑开天、刘帅，以及笔者校外兼职指导的河北建筑工程学院建筑与艺术学院2016级硕士研究生杜晓宇、杜乐、杨文静，2017级硕士研究生李永帅。他们的辛勤劳动，使前期研究的基础数据收集和初步整理工作得以顺利完成。回想起那些我们一起冬顶寒风、夏冒酷暑在外测绘的日子，是研究过程中最为珍贵的一段经历。其中部分成员已经毕业工作，在本书即将付梓印刷的时候，我更加思念他们。

感谢我的父母和岳父、岳母，帮我照顾儿女，使我免去了后顾之忧，没有他们的支持，很难想象我能够完成研究工作。尤其是妻子放弃了很多，从怀胎十月、家中琐事到孩子的培育都由她一力承担。而我因为研究工作的压力与疲惫，常常陷于焦虑之中，感谢她能一直理解支持我的工作。本书在撰写过程中，由于笔者学识浅薄，错讹、不妥、疏漏之处在所难免，敬请相关专业专家、学者和广大读者批评赐教。

胡青宇

2017年11月10日